全国监理工程师执业资格考试模拟实战与考点分析

建设工程合同管理

本书编委会 编

中国建筑工业出版社

图书在版编目（CIP）数据

建设工程合同管理/本书编委会编. —北京：中国建筑工业
出版社，2013.11
（全国监理工程师执业资格考试模拟实战与考点分析）
ISBN 978-7-112-15998-7

Ⅰ.①建… Ⅱ.①本… Ⅲ.①建筑工程-经济合同-管理-
工程师-资格考试-自学参考资料 Ⅳ.①TU723.1

中国版本图书馆 CIP 数据核字（2013）第 247949 号

　　本书是全国监理工程师执业资格考试的复习参考书，依据最新版考试大纲的要求编写。编者依据考试"点多、面广、题量大、分值小"的特点，精心研究历年考试真题，通过考试命题的规律，预测考试试题可能的命题方向和考查重点，编写了八套模拟试卷，供考生冲刺所用。

责任编辑：岳建光　张　磊　武晓涛
责任设计：李志立
责任校对：李欣慰　赵　颖

全国监理工程师执业资格考试模拟实战与考点分析
建设工程合同管理
本书编委会　编

＊

中国建筑工业出版社出版、发行（北京西郊百万庄）
各地新华书店、建筑书店经销
北京红光制版公司制版
廊坊市海涛印刷有限公司印刷

＊

开本：787×1092毫米　1/16　印张：11¼　字数：269千字
2015年1月第一版　2016年10月第三次印刷
定价：**28.00**元
ISBN 978-7-112-15998-7
（28901）

本 书 编 委 会

主　编：杨　伟　陈　烜

参　编：（按姓氏笔画排序）

马　军　成长青　吕　岩　朱　峰

刘卫国　刘家兴　齐丽娜　孙丽娜

吴吉林　张　彤　张黎黎　罗　铖

赵　慧　柴新雷　陶红梅

前　言

　　全国监理工程师执业资格考试具有"点多、面广、题量大、分值小"的特点，单靠押题、扣题式的复习方法难以达到通过考试的目的。而且参加考试的考生大多为在职人员，还面临着"复习时间零散，难以集中精力进行全面、系统的复习"的实际困难和矛盾。因此，考生们迫切需要一本好的辅导书，可以在考试复习中起到事半功倍的作用。为了让更多的考生掌握考试大纲的内容，顺利通过考试，我们编写了本书，以便考生在复习的最后冲刺阶段体验考试的实战情景，从而在考试中取得好成绩。

　　本书严格按照最新版考试大纲的要求编写，每套试卷的分值、题型等都是按照最新的要求编排的。在习题的编排上，编者经过长期对考试特点的研究，以历年考试真题为引，通过对历年考试真题进行大量的总结、对比、分析和归纳，引出真题所考知识点，再继续由所考知识点编排相关的经典试题，并逐一给出这些题目详细的解析，将所考重点语句采用画波浪线及改变字体的方式进行重点提示，以加深考生记忆、强化、巩固复习重点，让考生对考试的重点内容有较为扎实的理解和把握。本书注重与知识点所关联的考点、题型、方法的再巩固与再提高，并且使题目的综合和难易程度尽量贴近实际、注重实用。书中试题突出重点、考点，针对性强，题型标准，应试导向准确。

　　本书可帮助考生在最短的时间内以最佳的方式取得最好成绩，是考生考前冲刺复习最实用的参考书。

　　本书虽经全体编者精心编写、反复修改，也难免有疏漏和不当之处，敬请广大读者不吝赐教，予以指正，以便再版时进行修正，在此谨表谢意。

全国监理工程师执业资格考试
基本情况及题型说明

监理工程师是指经全国统一考试合格，取得《监理工程师资格证书》并经注册登记的工程建设监理人员。

1992年6月，建设部发布了《监理工程师资格考试和注册试行办法》（建设部第18号令），我国开始实施监理工程师资格考试。1996年8月，建设部、人事部下发了《建设部、人事部关于全国监理工程师执业资格考试工作的通知》（建监〔1996〕462号），从1997年起，全国正式举行监理工程师执业资格考试。考试工作由建设部、人事部共同负责，日常工作委托建设部建筑监理协会承担，具体考务工作由人事部人事考试中心负责。

考试每年举行一次，考试时间一般安排在5月中旬。原则上在省会城市设立考点。

一、考试科目设置

考试设4个科目，分别是：《建设工程监理基本理论与相关法规》、《建设工程合同管理》、《建设工程质量、投资、进度控制》、《建设工程监理案例分析》。

其中，《建设工程监理案例分析》科目为主观题，在专用答题卡上作答。其余3科均为客观题，在答题卡上作答。考生在答题前要认真阅读位于答题卡首页的作答须知，使用黑色墨水笔、2B铅笔，在答题卡划定的题号和区域内作答。

二、考试成绩管理

参加全部4个科目考试的人员，必须在连续两个考试年度内通过全部科目考试；符合免试部分科目考试的人员，必须在一个考试年度内通过规定的两个科目的考试，方可取得监理工程师执业资格证书。

三、报考条件

1. 凡中华人民共和国公民，遵纪守法，具有工程技术或工程经济专业大专以上（含大专）学历，并符合下列条件之一者，可申请参加监理工程师执业资格考试：

（1）具有按照国家有关规定评聘的工程技术或工程经济专业中级专业技术职务，并任职满3年。

（2）具有按照国家有关规定评聘的工程技术或工程经济专业高级专业技术职务。

（3）1970年（含1970年）以前工程技术或工程经济专业中专毕业，按照国家有关规定，取得工程技术或工程经济专业中级职务，并任职满3年。

2. 对于从事工程建设监理工作且同时具备下列四项条件的报考人员，可免试《建设工程合同管理》和《建设工程质量、投资、进度控制》两个科目，只参加《建设工程监理基本理论与相关法规》和《建设工程监理案例分析》两个科目的考试：

（1）1970年（含1970年）以前工程技术或工程经济专业中专（含中专）以上毕业；

（2）按照国家有关规定，取得工程技术或工程经济专业高级职务；

（3）从事工程设计或工程施工管理工作满 15 年；

（4）从事监理工作满 1 年。

四、考试教材

监理工程师的考试教材由中国建设监理协会组织编写，分为六册，分别是：《建设工程监理概论》、《建设工程合同管理》、《建设工程质量控制》、《建设工程进度控制》、《建设工程投资控制》、《建设工程监理案例分析》。另外还有《建设工程监理相关法规文件汇编》等参考资料。

五、题型介绍

《建设工程合同管理》全部为选择题，分为单选题和多选题两大类型。应考人员在固定的备选答案中选择正确的、最佳的答案，填写在专门设计的答题纸上，无需作解释和论述。以下就各种题型分别说明并举例。

（一）单项选择题

【例题】我国《合同法》中所称的合同，是指（　　）。

A. 债权合同

B. 行政合同

C. 物权合同

D. 劳动合同

【答案】A

（二）多项选择题

【例题】建筑工程一切险的被保险人具体包括（　　）。

A. 业主或工程所有人

B. 承包人或者分包人

C. 技术顾问

D. 招标代理人

E. 业主聘用的建筑师、工程师及其他专业顾问

【答案】ABCE

目　　录

第一套模拟试卷

一、单项选择题（共50题，每题1分。每题的备选项中，只有1个最符合题意）

1. 设计施工总承包合同规定，发包人要求文件应说明（　　）个方面的内容。

  A. 8
           B. 9

  C. 10
          D. 11

2. 总承包合同的承包人（　　）。

  A. 必须是独立承包人

  B. 可以是联合体，不可以是独立承包人

  C. 可以是独立承包人，不可以是联合体

  D. 可以是独立承包人，也可以是联合体

3. 发包人逾期支付设计人设计费6天，设计人提交设计文件的时间（　　）。

  A. 不可顺延
         B. 可顺延2天

  C. 可顺延3天
         D. 可顺延6天

4. （　　）针对招标工程列明正文中的具体要求，明确新项目的要求、招标程序中主要工作步骤的时间安排、对投标书的编制要求等内容。

  A. 前附表
         B. 总则

  C. 招标文件
        D. 附表格式

5. 设计招标中，下列因素不属于评标评审的比较要素的是（　　）。

  A. 投标单位的企业规模大小
   B. 投标方案的投入、产出比的高低

  C. 设计进度快慢
       D. 报价的合理性

6. 下列选项中，关于合同形式的说法，正确的是（　　）。

  A. 合同法对合同形式的要求是以要式为原则

  B. 建设工程合同可以采用口头形式

  C. 建设工程施工合同不能通过传真方式订立

  D. 电子邮件不是合同的书面形式

7. 工程建设管理水平的提高体现在工程质量、进度和投资的三大控制目标上，（　　）能够有效地提高工程建设的管理水平。

  A. 工程质量管理
       B. 工程投资管理

  C. 工程进度管理
       D. 建设工程合同管理

8. 某建设单位委托设计院承担办公楼设计任务，设计院在完成设计任务30%时，由于某种原因，办公楼项目停建，建设单位向设计院发出终止合同的通知。依据设计合同示范文本的规定，承担解除合同后果责任的方式应为（　　）。

  A. 设计院没收建设单位支付的定金

  B. 建设单位支付合同设计费的50%

C. 设计院没收定金，建设单位再支付合同设计费的 50%

D. 设计院没收建设单位支付的定金，建设单位再支付合同设计费的 30%

9. 根据《建设工程施工合同（示范文本）》通用条款的规定，因不可抗力事件导致的承包人机械设备损坏及停工损失，由（　　）承担。

A. 发包人　　　　　　　　　　　　B. 承包人

C. 工程师　　　　　　　　　　　　D. 承包人和发包人共同

10. 施工工程竣工验收通过后，确定承包人的实际竣工日应为（　　）。

A. 开始进行竣工检验日　　　　　　B. 发包人组织竣工验收日

C. 验收组通过竣工验收日　　　　　D. 承包人提交竣工验收报告日

11. 投标人应提交规定金额的投标保证金，并作为其投标书的一部分，数额不得超过招标项目估算价的（　　）。

A. 1%　　　　　　　　　　　　　　B. 2%

C. 3%　　　　　　　　　　　　　　D. 5%

12. 建设工程施工邀请招标邀请对象的数目以（　　）家为宜。

A. 3～5　　　　　　　　　　　　　B. 3～7

C. 5～7　　　　　　　　　　　　　D. 5～9

13. 设计施工阶段承包人应按合同约定的内容和期限，编制详细的进度计划，报送（　　）。

A. 工程师　　　　　　　　　　　　B. 承包人

C. 监理人　　　　　　　　　　　　D. 发包人

14. 主要选项条款中的（　　）适用于采用综合单价计量承包。

A. 选项 A　　　　　　　　　　　　B. 选项 B

C. 选项 C　　　　　　　　　　　　D. 选项 D

15. 无权代理的情况不包括（　　）。

A. 没有代理权而为代理行为　　　　B. 经过被代理人追认的行为

C. 代理终止为代理行为　　　　　　D. 超越代理权限为代理行为

16. 《简明标准施工招标文件》共分（　　）章。

A. 六　　　　　　　　　　　　　　B. 七

C. 八　　　　　　　　　　　　　　D. 九

17. 招标人可以对已发出的资格预审文件进行必要的澄清修改，招标人应当在提交资格预审申请文件截止时间至少（　　）日前，以书面形式通知所有获取资格预审文件的潜在投标人。

A. 1　　　　　　　　　　　　　　B. 2

C. 3　　　　　　　　　　　　　　D. 5

18. 勘察费用在合同生效后（　　）天内，发包人应向勘察人支付预算勘察费的 20% 作为定金。

A. 1　　　　　　　　　　　　　　B. 2

C. 3　　　　　　　　　　　　　　D. 5

19. 担保合同是被担保合同的从合同，被担保合同是主合同，（　　）。

A. 主合同有效，从合同可能有效　　　B. 主合同有效，但从合同无效

C. 主合同无效，但从合同有效　　　D. 主合同无效，从合同也无效

20. 建设工程勘察合同履行期间，在发包人要求解除合同时，下列关于勘察费结算的说法中正确的是(　　)。

　　A. 不论工作进行到何种程度，发包人均应全额支付勘察费

　　B. 完成的工作量在 50% 以内时，应支付预算额 50% 的勘察费，完成的工作量超过 50% 时，应全额支付勘察费

　　C. 完成的工作量在 50% 以内时，定金不退；完成的工作量超过 50% 时，根据工作量支付勘察费

　　D. 不论工作进行到何种程度，定金不退，并应根据工作量比例支付勘察费

21. FIDIC《土木工程施工分包合同条件》规定，属于发包人对分包合同管理的是(　　)。

　　A. 依据主合同对分包工作内容及分包商的资质进行审查，行使确认权或否定权

　　B. 对分包工程的批准

　　C. 对分包商使用的材料、施工工艺、工程质量进行监督管理

　　D. 对分包商的施工进行监督、管理和协调

22. (　　)在授权范围内发出的指示视为已得到总监理工程师的同意，与总监理工程师发出的指示具有同等效力。

　　A. 监理人员　　　　　　　　　　B. 被授权的监理人员

　　C. 工程师　　　　　　　　　　　D. 被授权的工程师

23. 《简明合同格式》是(　　)的简化版，对雇主与承包商履行合同过程中的权利、义务规定相同。

　　A.《施工合同条件》

　　B.《生产设备和设计－施工合同条件》

　　C.《设计采购施工（EPC）/交钥匙工程合同条件》

　　D.《简明合同格式》

24. 担保方式中的保证，在实际运用过程中应理解为(　　)。

　　A. 保证人和债务人约定，当债务人不履行债务时，保证人按约定给予赔偿

　　B. 保证人和债权人约定，当债务人不履行债务时，保证人按约定履行债务

　　C. 债务人和债权人约定，当债务人不履行债务时，由保证人代为履行债务

　　D. 债务人和债权人约定，债务人向债权人保证履行合同义务

25. 法人是具有(　　)，依法独立享有民事权利和承担民事义务的组织。

　　A. 民事权利　　　　　　　　　　B. 法律权利和民事权利

　　C. 民事行为能力　　　　　　　　D. 民事权利能力和民事行为能力

26. 下列合同属于按照承发包的不同范围和数量进行划分的是(　　)。

　　A. 建设工程勘察合同　　　　　　B. 建设工程设计施工总承包合同

　　C. 建设工程设计合同　　　　　　D. 建设工程施工合同

27. 下列要求，不属于通用型设备采购招标对投标人的具体要求的是(　　)。

　　A. 具有独立订立合同的能力　　　B. 良好的业绩

　　C. 完善的质量保证体系　　　　　D. 相应的资金来源

28. 施工承包人为了避免停工待料，不得不以较高价格紧急采购因供货方不能供应部分的货物而受到的价差损失应由（　　）承担。

  A. 施工承包人   B. 建设单位

  C. 供货方   D. 采购方

29. 美国 AIA 合同文本中的 D 系列是指（　　）。

  A. 雇主与施工承包商、CM 承包商、供应商之间的合同，以及总承包商与分包商之间合同的文本

  B. 雇主与建筑师之间合同的文本

  C. 建筑师与专业咨询机构之间合同的文本

  D. 建筑师行业的有关文件

30. 材料采购合同履行过程中，检验到货质量的方法是（　　）。

  A. 衡量法   B. 理论换算法

  C. 查点法   D. 经验鉴别法

31. 合同履行过程中，如需变更合同内容或解除合同，都必须依据合同法的有关规定执行。一方当事人要求变更或解除合同时，在未达成新的协议以前，原合同（　　）。

  A. 效力待定   B. 仍然有效

  C. 可变更、可撤销   D. 无效

32. 设计招标应采用（　　）方式进行招标。

  A. 公开   B. 邀请

  C. 议标   D. 设计方案竞选

33. 在设计合同履行过程中，发包人对设计范围的某单位工程提出设计变更要求。由于设计人的资源能力所限，不能在要求的时间内完成，发包人经设计人书面同意后将该部分设计任务委托另一设计单位完成，关于该事件的说法，正确的是（　　）。

  A. 设计人应与另一设计单位签订设计分包合同

  B. 设计人应负责协调另一设计单位的设计进度

  C. 设计人应负责另一设计单位的设计质量审查

  D. 设计人不对变更部分的设计质量负责

34. 如果施工索赔事件的影响持续存在，承包商应在该项索赔事件影响结束后的 28 日内向工程师提交（　　）。

  A. 索赔通知书   B. 索赔依据

  C. 索赔意向通知   D. 施工现场的记录

35. 设计施工总承包合同的通用条款共计（　　）款。

  A. 302   B. 304

  C. 306   D. 308

36. 勘察合同示范文本按照委托勘察任务的不同分为（一）、（二），两个版本分别适用于（　　）的委托任务。

  A. 岩土工程勘察、水文地质勘察

  B. 民用建设工程勘察、其他专业工程勘察

  C. 为设计提供勘察工作、仅限于岩土工程勘察

D. 要求简单的勘察、要求复杂的勘察

37. 建设工程合同主体一般是（　　）。
    A. 自然人
    B. 法人
    C. 智力成果
    D. 其他组织

38. （　　）主要是依靠合同来规范当事人的交易行为。
    A. 自然经济
    B. 商品经济
    C. 市场经济
    D. 计划经济

39. 发包人要求提前竣工的竣工协议的内容不包括（　　）。
    A. 提前竣工的机器设备要求
    B. 发包人为赶工应提供的方便条件
    C. 提前竣工所需的追加合同价款
    D. 承包人在保证工程质量和安全的前提下，可能采取的赶工措施

40. 下列情况中，投标保证金不会被没收的是（　　）。
    A. 投标人在投标函格式中规定的投标有效期内撤回其投标
    B. 中标人在规定期限内无正当理由未能根据规定签订合同，或根据规定接受对错误的修正
    C. 中标人根据规定未能提交履约保证金
    D. 投标人按照正常的程序获得中标

41. 如果工程师未能及时补发书面指示，又在收到承包人将口头指示的书面记录要求工程师确认的函件（　　）个工作日内未作出确认或拒绝答复，则承包商的书面函件应视为对口头指示的书面确认。
    A. 1
    B. 2
    C. 3
    D. 5

42. 通用条款中对承包人在投标阶段，按照发包人在价格清单中给出的计日工和暂估价的报价均属于（　　）内支出项目。
    A. 总金额
    B. 部分金额
    C. 暂列金额
    D. 暂时金额

43. 按照施工合同示范文本规定，当组成施工合同的各文件出现含糊不清或矛盾时，应按（　　）顺序解释。
    A. 合同协议书、已标价的工程量清单、中标通知书
    B. 中标通知书、投标书及附件、合同履行中的变更协议
    C. 合同履行中的洽商协议、中标通知书、已标价的工程量清单
    D. 合同专用条款、合同通用条款、中标通知书

44. 关于投标文件对招标文件的响应存在偏差的说法，正确的是（　　）。
    A. 明显不符合技术规格的允许澄清
    B. 投标文件记载项目完成期限超过招标文件规定的允许说明
    C. 大小写不一致的不影响其标书的有效性
    D. 缺少联合体共同协议的允许补正

45. 下列选项中，关于连带责任保证的说法，正确的是（　　）。

A. 当事人没有明确约定保证方式，保证人应按一般保证承担责任

B. 连带责任保证的债务人在债务履行期满没有履行债务时，债权人即可要求保证人承担责任

C. 主合同的债务人经审判应履行债务后，债权人才可以要求连带责任保证人承担保证责任

D. 主合同的债务人经审判应履行债务，且债务人财产依法强制执行仍不能履行，债权人才可以要求连带责任保证人承担保证责任

46. 物资设备采购中划分合同包装的基本原则不包括(　　)。

A. 有利于投标竞争
B. 要根据市场供应情况
C. 考虑资金计划
D. 尽量提前工程进度

47. 下列关于招标流程的相关说法错误的是(　　)。

A. 现场踏勘是由招标人组织的

B. 招标人必须委托招标代理机构进行招标事宜

C. 评标委员会成员中技术、经济等方面的专家不得少于成员总数的三分之二

D. 组织投标预备会一般应在投标截止时间15日以前进行

48. 关于定标的说法，正确的是(　　)。

A. 确定中标人的权力归评标委员会

B. 招标人在评标委员会推荐的中标候选人中确定中标人

C. 招标人可以根据自己的意愿确定中标人

D. 中标通知书发出后，招标人有权拒绝订立合同

49. 设计施工阶段监理人应在专用条款约定的期限内批复或提出修改意见，批准的计划作为(　　)。

A. 合同进度计划
B. 合同施工计划
C. 进度施工计划
D. 工程进度计划

50. 建设工程项目设备材料采购招标，综合评标法不需要考虑(　　)因素。

A. 投标价
B. 交货期
C. 运输费
D. 寿命残值

二、**多项选择题** (共30题，每题2分。每题的备选项中，有2个或2个以上符合题意，至少有1个错项。错选，本题不得分；少选，所选的每个选项得0.5分)

51. 按照标准施工合同通用条款对监理人的相关规定，监理人居于施工合同履行管理的核心地位的主要表现有(　　)。

A. 承包人收到监理人发出的任何指示，视为已得到发包人的批准，应遵照执行

B. 监理人应按照合同条款的约定，公平合理地处理合同履行过程中涉及的有关事项

C. 在发包人授权范围内独立处理合同履行过程中的有关事项，行使通用条款规定的，以及具体施工合同专用条款中说明的权力

D. 除合同另有约定外，承包人只从总监理工程师或被授权的监理人员处取得指示

E. "商定或确定"条款规定，总监理工程师在协调处理合同履行过程中的有关事项时，应首先与合同当事人协商，尽量达成一致

52. 物资采购合同变更的内容可能涉及（　　）等方面。

  A. 订购金额的增减   B. 订购数量的增减

  C. 包装物标准的改变   D. 交货时间的变更

  E. 交货地点的变更

53. 保证法律关系至少必须有（　　）参加。

  A. 保证人   B. 被保证人

  C. 债务人   D. 债权人

  E. 中间人

54. 竞争买卖包括（　　）。

  A. 招标   B. 投标

  C. 拍卖   D. 竞拍

  E. 义卖

55. 某项工程项目由于设计错误造成部分工程发生了质量事故，按照《建设工程设计合同》示范文本，设计单位承担的违约责任包括（　　）。

  A. 负责修改该部分工程的设计

  B. 免收该部分工程的设计费

  C. 赔偿发包人该部分工程的全部损失

  D. 赔偿发包人该部分工程的一定百分比的损失

  E. 赔偿施工承包人的实际损失

56. 根据《建设工程设计合同（示范文本）》的规范，下列关于违约责任的表述中，正确的是（　　）。

  A. 合同生效后，设计人要求终止或解除合同，设计人应双倍返还定金

  B. 发包人应按合同规定的金额和时间向设计人支付设计费，每逾期支付一天，应承担应支付金额 2‰ 的逾期违约金，但设计人提交设计文件的时间不予顺延

  C. 在合同履行期间，发包人要求终止合同，设计人未开始设计工作的，应退还发包人已付的定金

  D. 由于不可抗力因素致使合同无法履行时，双方及时协商解决

  E. 由于设计人员错误造成工程质量事故损失，设计人除负责采取补救措施外，还应免收直接受损失部分的设计费

57. 设计施工总承包合同的订立中，发包人提供的文件，可能包括（　　）等。

  A. 项目前期工作相关文件   B. 环境保护

  C. 气象水文   D. 项目工程的工期

  E. 地质条件资料

58. 美国建筑师学会（AIA）编制了众多的系列标准合同文本，适用于不同的项目管理类型和管理模式，包括（　　）。

  A. 传统模式   B. CM 模式

  C. 设计—建造模式   D. 集成化管理模式

  E. Partnering 管理模式

59. 工程设计招标与施工招标的主要区别有（　　）。

A. 招标文件的内容不同　　　　　　　B 投标保函的保证范围不同

C. 对投标书的编制要求不同　　　　　D. 开标形式不同

E. 评标原则不同

60. 法人成立应具备的条件包括(　　)。

A. 依法成立　　　　　　　　　　　　B. 能够独立承担民事责任

C. 具有 3 名以上高级管理人员　　　　D. 有必要的财产或者经费

E. 有自己的名称、组织机构和场所

61. 施工合同的当事人包括(　　)。

A. 发包人　　　　　　　　　　　　　B. 发包人法定代表人

C. 监理人　　　　　　　　　　　　　D. 承包人

E. 承包人法定代表人

62. 下列财产不可以作为抵押物的有(　　)。

A. 以招标方式取得的荒地等土地承包经营权

B. 以公开协商方式取得的荒地等土地承包经营权

C. 耕地、宅基地、自留地、自留山等集体所有的土地使用权

D. 学校、幼儿园、医院等以公益为目的的事业单位

E. 依法被查封、扣押、监管的财产

63. 工程监理制也是依靠合同来规范(　　)相互之间关系的法律制度。

A. 业主　　　　　　　　　　　　　　B. 承包人

C. 受包人　　　　　　　　　　　　　D. 监理人

E. 运输人

64. 有关建设工程材料设备采购合同的特点,下列说法中正确的有(　　)。

A. 买卖合同的买受人取得财产所有权,必须支付相应的价款

B. 买卖合同是双务合同

C. 买卖合同是无偿合同

D. 买卖合同是诺成合同

E. 建设工程材料设备采购合同属于买卖合同

65. 依照施工合同示范文本通用条款规定,施工合同履行中,如果发包人出于某种考虑要求提前竣工,则发包人应(　　)。

A. 负责修改施工进度计划

B. 向承包人直接发出提前竣工的指令

C. 与承包人协商并签订提前竣工协议

D. 为承包人提供赶工的便利条件

E. 追加合同价款

66. 合同履行中涉及的几个期限为(　　)。

A. 合同工期　　　　　　　　　　　　B. 施工期

C. 缺陷责任期　　　　　　　　　　　D. 保修期

E. 合同制定期

67. 材料、通用型设备采购招标,应当具备(　　)条件。

A. 项目法人已经依法成立

B. 按国家规定履行审批手续的，已经审批

C. 资金来源已经落实

D. 能够提出货物的使用与技术要求

E. 有相应的技术人员

68. 大型设备的采购，除了交货阶段的工作外，往往还需包括（　　）和保修等方面的条款约定。

A. 设备生产制造阶段　　　　　　　　B. 设备安装调试阶段

C. 设备试运行阶段　　　　　　　　　D. 设备性能达标检验

E. 设备组装检验阶段

69. 下列可以导致委托代理关系终止的是（　　）。

A. 被代理人取得或恢复民事行为能力

B. 被代理人取消委托或代理人辞去委托

C. 代理期限届满或代理事项完成

D. 作为代理人或被代理人的法人终止

E. 代理人死亡或代理人丧失民事行为能力

70. 尽管委托分包人的招标工作由承包人完成，发包人也不是分包合同的当事人，但为了保证工程项目完满实现发包人预期的建设目标，通用条款中对工程分包做出的规定包括（　　）。

A. 承包人不得将其承包的全部工程转包给第三人

B. 分包工作需要征得发包人同意

C. 承包人需将设计和施工的主体、关键性工作的施工分包给第三人

D. 分包人的资格能力应与其分包工作的标准和规模相适应，其资质能力的材料应经监理人审查

E. 发包人同意分包的工作，承包人应向发包人和监理人提交分包合同副本

71. 发包人应提供的勘察依据文件和资料包括（　　）。

A. 提供本工程批准文件（复印件）及用地、施工、勘察许可等批件（复印件）

B. 提供工程勘察任务委托书和建筑总平面布置图

C. 提供地下已有埋藏物的具体位置分布图

D. 提供地震安全性评价和环境评价

E. 提供勘察工作范围已有的技术资料和工作范围的地形图

72. 材料采购合同的采购包括（　　）。

A. 用于建筑和土木工程领域的各种材料　　B. 用于建筑设备的材料

C. 安装于工程中的设备　　　　　　　　　D. 在施工过程中使用的设备

E. 电线、水管

73. 工程保险的主要种类有（　　）。

A. 建筑工程一切险　　　　　　　　　B. 勘察设计一切险

C. 安装工程一切险　　　　　　　　　D. 机器损坏险

E. 工程中的一切险

74. 标准施工合同的通用条款的标题包括( )。

    A. 发包人义务　　　　　　　　　　　B. 承包人责任

    C. 施工设备和临时设施　　　　　　　D. 测量放线

    E. 进度计划

75. NEC 的合同系列包括( )。

    A. 工程施工合同　　　　　　　　　　B. 简明合同格式

    C. 专业服务合同　　　　　　　　　　D. 工程设计与施工简要合同

    E. 评判人合同

76. 设计施工总承包合同模式下，无论承包人复核时发现与否，由于下列( )资料错误，导致承包人增加费用和（或）延误的工期，均由发包人承担，并向承包人支付合理利润。

    A. 发包人要求中引用的原始数据和资料　B. 对工程的工艺安排

    C. 试验和检验标准　　　　　　　　　D. 对某工程部分功能的要求

    E. 承包人可以核实的数据

77. 施工招标可以采用的方式有( )。

    A. 内部招标　　　　　　　　　　　　B. 议标

    C. 公开招标　　　　　　　　　　　　D. 邀请招标

    E. 社会招标

78. 设备采购合同专用条款与技术规格中约定有附加服务，卖方可能被要求提供的服务包括( )。

    A. 实施或监督所供货物的现场组装和/或试运行

    B. 提供货物组装和/或维修所需的工具

    C. 为所供货物的每一适当的单台设备提供详细的操作和维护手册

    D. 在双方商定的一定期限内对所供货物实施运行或监督或维护或修理，但前提条件是该服务并不能免除卖方在合同保证期内所承担的义务

    E. 在卖方厂家和/或在项目现场就所供货物的组装、正式运行、运行、维护和修理对买方人员进行培训

79. 根据《建设工程设计合同（示范文本）》的规定，设计人配合施工的义务有( )。

    A. 向发包人和施工承包人进行设计交底　B. 解决施工中出现的设计问题

    C. 参加重要隐蔽工程部位验收　　　　D. 解决施工中人员分配问题

    E. 参加竣工验收

80. FIDIC《施工合同条件》对工程量增减变化较大需要调整合同约定单价的原则是，必须同时满足的条件有( )。

    A. 该部分工程在合同内约定属于按单价计量支付的部分

    B. 该部分工作通过计量超过工程量清单中估计工程量的数量变化超过 10%

    C. 计量的工作数量与工程量清单中该项单价的乘积，超过中标合同金额（我国标准合同中的"签约合同价"）的 0.01%

    D. 数量的变化导致该项工作的施工单位成本超过 1%

    E. 该部分工作通过计量超过工程量清单中估计工程量的数量变化超过 15%

第一套模拟试卷参考答案、考点分析

一、单项选择题

1. 【试题答案】D

【试题解析】本题考查重点是"设计施工总承包合同的订立——合同文件"。设计施工总承包合同规定，发包人要求文件应说明11个方面的内容。因此，本题的正确答案为D。

2. 【试题答案】D

【试题解析】本题考查重点是"设计施工总承包合同管理有关各方的职责"。总承包合同的承包人可以是独立承包人，也可以是联合体。因此，本题的正确答案为D。

3. 【试题答案】D

【试题解析】本题考查重点是"设计合同履行管理"。发包人应按合同规定的金额和时间向设计人支付设计费，每逾期支付1天，应承担支付金额千分之二的逾期违约金，且设计人提交设计文件的时间顺延。因此，本题的正确答案为D。

4. 【试题答案】A

【试题解析】本题考查重点是"标准施工招标文件"。投标人须知包括前附表、正文和附表格式三部分。前附表针对招标工程列明正文中的具体要求，明确新项目的要求、招标程序中主要工作步骤的时间安排、对投标书的编制要求等内容。因此，本题的正确答案为A。

5. 【试题答案】A

【试题解析】本题考查重点是"建筑工程设计投标管理"。虽然投标书的设计方案各异需要评审的内容很多，但大致可以归纳为以下五个方面：①设计方案的优劣；②投入、产出经济效益比较；③设计进度快慢；④设计资历和社会信誉；⑤报价的合理性。因此，本题的正确答案为A。

6. 【试题答案】B

【试题解析】本题考查重点是"建设工程合同的特征"。我国《合同法》对合同形式确立了以不要式为主的原则，所以选项A错误；在一般情况下对合同形式采用书面形式还是口头形式没有限制，所以选项B正确；书面形式是指合同书、信件和数据电文（包括电报、电传、传真、电子数据交换和电子邮件）等可以有形地表现所载内容的形式，所以选项C、D错误。因此，本题的正确答案为B。

7. 【试题答案】D

【试题解析】本题考查重点是"建设工程合同管理的目标"。工程建设管理水平的提高体现在工程质量、进度和投资的三大控制目标上，这三大控制目标的水平主要体现在合同中。建设工程合同管理能够有效地提高工程建设的管理水平。因此，本题的正确答案为D。

8. 【试题答案】B

【试题解析】本题考查重点是"设计合同履行管理"。在合同履行期间，发包人要求终

11

止或解除合同，设计人未开始设计工作的，不退还发包人已付的定金；已开始设计工作的，发包人应根据设计人已进行的实际工作量，不足一半时，按该阶段设计费的一半支付；超过一半时，按该阶段设计费的全部支付。因此，本题的正确答案为 B。

9. 【试题答案】B

【试题解析】本题考查重点是"不可抗力"。通用条款规定，不可抗力造成的损失由发包人和承包人分别承担：①永久工程，包括已运至施工场地的材料和工程设备的损害，以及因工程损害造成的第三者人员伤亡和财产损失由发包人承担；②承包人设备的损坏由承包人承担；③发包人和承包人各自承担其人员伤亡和其他财产损失及其相关费用；④停工损失由承包人承担，但停工期间应监理人要求照管工程和清理、修复工程的金额由发包人承担；⑤不能按期竣工的，应合理延长工期，承包人不需支付逾期竣工违约金。发包人要求赶工的，承包人应采取赶工措施，赶工费用由发包人承担。因此，本题的正确答案为 B。

10. 【试题答案】D

【试题解析】本题考查重点是"竣工验收管理"。竣工验收合格，监理人应在收到竣工验收申请报告后的56天内，向承包人出具经发包人签认的工程接收证书。以承包人提交竣工验收申请报告的日期为实际竣工日期，并在工程接收证书中写明。因此，本题的正确答案为 D。

11. 【试题答案】B

【试题解析】本题考查重点是"保证在建设工程中的应用"。投标人应提交规定金额的投标保证金，并作为其投标书的一部分，数额不得超过招标项目估算价的2%。投标人不按招标文件要求在开标前以有效形式提交投标保证金的，该投标文件将被否决。因此，本题的正确答案为 B。

12. 【试题答案】C

【试题解析】本题考查重点是"施工招标概述"。邀请对象的数目以5～7家为宜，但不应少于3家。被邀请人同意参加投标后，从招标人处获取招标文件，按规定要求进行投标报价。因此，本题的正确答案为 C。

13. 【试题答案】C

【试题解析】本题考查重点是"承包人提交实施项目的计划"。承包人应按合同约定的内容和期限，编制详细的进度计划，包括设计、承包人提交文件、采购、制造、检验、运达现场、施工、安装、试验的各个阶段的预期时间以及设计和施工组织方案说明等报送监理人。因此，本题的正确答案为 C。

14. 【试题答案】B

【试题解析】本题考查重点是"英国 NEC 合同文本"。主要选项条款中的标价合同适用于签订合同时价格已经确定的合同，选项 A 适用于固定价格承包，选项B适用于采用综合单价计量承包；目标合同（选项 C、选项 D）适用于拟建工程范围在订立合同时还没有完全界定或预测风险较大的情况，承包商的投标价作为合同的目标成本，当工程费用超支或节省时，雇主与承包商按合同约定的方式分摊；成本补偿合同（选项 E）适用于工程范围的界定尚不明确，甚至以目标合同为基础也不够充分，而且又要求尽早动工的情况，工程成本部分实报实销，按合同约定的工程成本一定百分比作为承包商的收入；管理合同

（选项 F）适用于施工管理承包，管理承包商与雇主签订管理承包合同，他不直接承担施工任务，以管理费用和估算的分包合同总价报价。因此，本题的正确答案为B。

15.【试题答案】B

【试题解析】本题考查重点是"代理关系"。无权代理是指行为人没有代理权而以他人名义进行民事、经济活动。无权代理包括以下三种情况：①没有代理权而为代理行为；②超越代理权限而为的代理行为；③代理权终止后的代理行为。因此，本题的正确答案为B。

16.【试题答案】C

【试题解析】本题考查重点是"简明标准施工招标文件"。《简明标准施工招标文件》共分招标公告（或投标邀请书）、投标人须知、评标办法、合同条款及格式、工程量清单、图纸、技术标准和要求、投标文件格式八章。因此，本题的正确答案为C。

17.【试题答案】C

【试题解析】本题考查重点是"施工招标程序"。招标人可以对已发出的资格预审文件进行必要的澄清或者修改。澄清或者修改的内容可能影响资格预审申请文件编制的，招标人应当在提交资格预审申请文件截止时间至少3日前，以书面形式通知所有获取资格预审文件的潜在投标人；不足3日的，招标人应当顺延提交资格预审申请文件的截止时间。因此，本题的正确答案为C。

18.【试题答案】C

【试题解析】本题考查重点是"建设工程勘察合同履行管理"。合同生效后3天内，发包人应向勘察人支付预算勘察费的20％作为定金。因此，本题的正确答案为C。

19.【试题答案】D

【试题解析】本题考查重点是"担保的概念"。担保通常由当事人双方订立担保合同。担保合同是被担保合同的从合同，被担保合同是主合同，主合同无效，从合同也无效。但担保合同另有约定的按照约定。因此，本题的正确答案为D。

20.【试题答案】B

【试题解析】本题考查重点是"建设工程勘察合同履行管理"。合同履行期间，由于工程停建而终止合同或发包人要求解除合同时，勘察人未进行勘察工作的，不退还发包人已付定金，所以选项 A、D错误；已进行勘察工作的，完成的工作量在50％以内时，发包人应向勘察人支付预算额 50％的勘察费；完成的工作量超过 50％时，则应向勘察人支付预算额100％的勘察费，所以选项 B正确，选项 C错误。因此，本题的正确答案为B。

21.【试题答案】B

【试题解析】本题考查重点是"施工分包合同概述"。发包人不是分包合同的当事人，对分包合同权利义务如何约定也不参与意见，与分包人没有任何合同关系。但作为工程项目的投资方和施工合同的当事人，他对分包合同的管理主要表现为对分包工程的批准。因此，本题的正确答案为B。

22.【试题答案】B

【试题解析】本题考查重点是"设计施工总承包合同管理有关各方的职责"。被授权的监理人员在授权范围内发出的指示视为已得到总监理工程师的同意，与总监理工程师发出的指示具有同等效力。因此，本题的正确答案为B。

23. 【试题答案】A

【试题解析】本题考查重点是"FIDIC 合同文本简介"。《简明合同格式》是《施工合同条件》的简化版，对雇主与承包商履行合同过程中的权利、义务规定相同。因此，本题的正确答案为 A。

24. 【试题答案】B

【试题解析】本题考查重点是"担保方式——保证"。我国《担保法》规定的担保方式为保证、抵押、质押、留置和定金。保证是指保证人和债权人约定，当债务人不履行债务时，保证人按照约定履行债务或者承担责任的行为。因此，本题的正确答案为 B。

25. 【试题答案】D

【试题解析】本题考查重点是"合同法律关系的构成"。法人是具有民事权利能力和民事行为能力，依法独立享有民事权利和承担民事义务的组织。法人是与自然人相对应的概念，是法律赋予社会组织具有人格的一项制度。因此，本题的正确答案为 D。

26. 【试题答案】B

【试题解析】本题考查重点是"建设工程合同的种类"。按照承发包的不同范围和数量进行划分，可以将建设工程合同分为建设工程设计施工总承包合同、工程施工承包合同、施工分包合同。按完成承包的内容进行划分，建设工程合同可以分为建设工程勘察合同、建设工程设计合同和建设工程施工合同三类。因此，本题的正确答案为 B。

27. 【试题答案】D

【试题解析】本题考查重点是"材料和通用型设备采购招标文件主要内容"。对投标人资格的具体要求主要有以下几个方面：①具有独立订立合同的能力。②在专业技术、设备设施、人员组织、业绩经验等方面具有设计、制造、质量控制、经营管理的相应资格和能力。③具有完善的质量保证体系。④业绩良好。⑤有良好的银行信用和商业信誉等。因此，本题的正确答案为 D。

28. 【试题答案】C

【试题解析】本题考查重点是"违约责任"。如果是因供货方应承担责任的原因导致不能全部或部分交货，应按合同约定的违约金比例乘以不能交货部分货款计算违约金。若违约金不足以偿付采购方所受到的实际损失时，可以修改违约金的计算方法，使实际受到的损害能够得到合理的补偿。如果施工采购方为了避免停工待料，不得不以较高价格紧急采购不能供应部分的货物而受到价差损失时，供货方应承当相应的责任。因此，本题的正确答案为 C。

29. 【试题答案】D

【试题解析】本题考查重点是"美国 AIA 合同文本"。美国 AIA 合同文本包括：①A 系列：雇主与施工承包商、CM 承包商、供应商之间的合同，以及总承包商与分包商之间合同的文本；②B 系列：雇主与建筑师之间合同的文本；③C 系列：建筑师与专业咨询机构之间合同的文本；④D 系列：建筑师行业的有关文件；⑤E 系列：合同和办公管理中使用的文件。因此，本题的正确答案为 D。

30. 【试题答案】D

【试题解析】本题考查重点是"交货检验"。质量验收的方法包括：①经验鉴别法。即通过目测、手触或以常用的检测工具量测后，判定质量是否符合要求。②物理试验。根据对产品的性能检验目的，可以进行拉伸试验、压缩试验、冲击试验、金相试验及硬度试验等。③化学试验。即抽出一部分样品进行定性分析或定量分析的化学试验，以确定其内在质量。因此，本题的正确答案为D。

31.【试题答案】B

【试题解析】本题考查重点是"合同的变更或解除"。合同履行过程中，如需变更合同内容或解除合同，都必须依据合同法的有关规定执行。一方当事人要求变更或解除合同时，在未达成新的协议以前，原合同仍然有效。因此，本题的正确答案为B。

32.【试题答案】D

【试题解析】本题考查重点是"工程设计招标概述"。鉴于设计任务本身的特点，设计招标通常采用设计方案竞选的方式招标。因此，本题的正确答案为D。

33.【试题答案】D

【试题解析】本题考查重点是"设计合同履行管理"。在某些特殊情况下，发包人需要委托其他设计单位完成设计变更工作，如变更增加的设计内容专业性特点较强；超过了设计人资质条件允许承接的工作范围；或施工期间发生的设计变更，设计人由于资源能力所限，不能在要求的时间内完成等原因。在此情况下，发包人经原建设工程设计人书面同意后，也可以委托其他具有相应资质的建设工程勘察、设计单位修改。修改单位对修改的勘察、设计文件承担相应责任，设计人不再对修改的部分负责。因此，本题的正确答案为D。

34.【试题答案】A

【试题解析】本题考查重点是"索赔管理"。承包人应在发出索赔意向通知书后28天内，向监理人递交正式的索赔通知书，详细说明索赔理由以及要求追加的付款金额和（或）延长的工期，并附必要的记录和证明材料。因此，本题的正确答案为A。

35.【试题答案】B

【试题解析】本题考查重点是"标准设计施工总承包合同"。设计施工总承包合同的通用条款包括24条，标题分别为：一般约定；发包人义务；监理人；承包人；设计；材料和工程设备；施工设备和临时设施；交通运输；测量放线；施工安全、治安保卫和环境保护；开始工作和竣工；暂停施工；工程质量；试验和检验；变更；价格调整；合同价格与支付；竣工试验和竣工验收；缺陷责任与保修责任；保险；不可抗力；违约；索赔；争议的解决。共计304款。因此，本题的正确答案为B。

36.【试题答案】C

【试题解析】本题考查重点是"建设工程勘察设计合同示范文本"。建设工程勘察合同（一）示范文本适用于为设计提供勘察工作的委托任务，包括岩土工程勘察、水文地质勘察（含凿井）、工程测量、工程物探等勘察。建设工程勘察合同（二）示范文本的委托工作内容仅涉及岩土工程，包括取得岩土工程的勘察资料，对项目的岩土工程进行设计、治理和监测工作。因此，本题的正确答案为C。

37.【试题答案】B

【试题解析】本题考查重点是"建设工程合同的特征"。建设工程合同主体一般是法人。因此，本题的正确答案为B。

38.【试题答案】C

【试题解析】本题考查重点是"建设工程合同管理的目标"。市场经济与计划经济的最主要区别在于：市场经济主要是依靠合同来规范当事人的交易行为，而计划经济主要是依靠行政手段来规范财产流转关系，因此，发展和完善建筑市场，必须有规范的建设工程合同管理制度。因此，本题的正确答案为C。

39.【试题答案】A

【试题解析】本题考查重点是"施工进度管理"。提前竣工协议的内容应包括：承包人修订进度计划及为保证工程质量和安全采取的赶工措施；发包人应提供的条件；所需追加的合同价款；提前竣工给发包人带来效益应给承包人的奖励等。因此，本题的正确答案为A。

40.【试题答案】D

【试题解析】本题考查重点是"保证在建设工程中的应用"。下列任何情况发生时，投标保证金将被没收：一是投标人在投标函格式中规定的投标有效期内撤回其投标；二是中标人在规定期限内无正当理由未能根据规定签订合同，或根据规定接受对错误的修正；三是中标人根据规定未能提交履约保证金；四是投标人采用不正当的手段骗取中标。因此，本题的正确答案为D。

41.【试题答案】B

【试题解析】本题考查重点是"FIDIC施工合同条件部分条款"。如果工程师未能及时补发书面指示，又在收到承包人将口头指示的书面记录要求工程师确认的函件2个工作日内未作出确认或拒绝答复，则承包商的书面函件应视为对口头指示的书面确认。因此，本题的正确答案为B。

42.【试题答案】C

【试题解析】本题考查重点是"设计施工总承包合同的订立——订立合同时需要明确的内容"。通用条款中对承包人在投标阶段，按照发包人在价格清单中给出的计日工和暂估价的报价均属于暂列金额内支出项目。因此，本题的正确答案为C。

43.【试题答案】C

【试题解析】本题考查重点是"合同文件"。标准施工合同的通用条款中规定，合同的组成文件包括：①合同协议书；②中标通知书；③投标函及投标函附录；④专用合同条款；⑤通用合同条款；⑥技术标准和要求；⑦图纸；⑧已标价的工程量清单；⑨其他合同文件——经合同当事人双方确认构成合同的其他文件。因此，本题的正确答案为C。

44.【试题答案】C

【试题解析】本题考查重点是"最低评标价法"。投标报价有算术错误的，评标委员会按以下原则对投标报价进行修正，修正的价格经投标人书面确认后具有约束力。投标人不接受修正价格的，应当否决该投标人的投标。①投标文件中的大写金额与小写金额不一致的，以大写金额为准；②总价金额与依据单价计算出的结果不一致的，以单价金额为准修正总价，但单价金额小数点有明显错误的除外。因此，本题的正确答案为C。

45.【试题答案】B

【试题解析】本题考查重点是"担保方式——保证"。在具体合同中，担保方式由当事人约定，如果当事人没有约定或者约定不明确的，则按照连带责任保证承担保证责任，所以选项A错误；连带责任保证的债务人在主合同规定的债务履行期届满没有履行债务的，债权人可以要求债务人履行债务，也可以要求保证人在其保证范围内承担保证责任，所以选项 B 正确；一般保证的保证人在主合同纠纷未经审判或者仲裁，并就债务人财产依法强制执行仍不能履行债务前，对债权人可以拒绝承担担保责任，所以选项 C、D 错误。因此，本题的正确答案为 B。

46.【试题答案】D

【试题解析】本题考查重点是"材料和通用型设备采购招标文件主要内容"。划分合同包装的基本原则主要考虑的因素包括：①有利于投标竞争；②工程进度与供货时间的关系；③市场供应情况；④资金计划。因此，本题的正确答案为 D。

47.【试题答案】B

【试题解析】本题考查重点是"施工招标程序"。招标人如不具备自行组织招标的能力条件，应当委托招标代理机构办理招标事宜。因此，本题的正确答案为 B。

48.【试题答案】B

【试题解析】本题考查重点是"施工招标程序"。招标人可以授权评标委员会直接确定中标人，也可以依据评标委员会推荐的中标候选人确定中标人。评标委员会一般按照择优的原则推荐 1～3 名中标候选人。因此，本题的正确答案为 B。

49.【试题答案】A

【试题解析】本题考查重点是"承包人提交实施项目的计划"。承包人应按合同约定的内容和期限，编制详细的进度计划，包括设计、承包人提交文件、采购、制造、检验、运达现场、施工、安装、试验的各个阶段的预期时间以及设计和施工组织方案说明等报送监理人。监理人应在专用条款约定的期限内批复或提出修改意见，批准的计划作为"合同进度计划"。监理人未在约定的时限内批准或提出修改意见，该进度计划视为已得到批准。因此，本题的正确答案为 A。

50.【试题答案】D

【试题解析】本题考查重点是"材料和通用型设备采购招标文件主要内容"。综合评标法，投标价之外还需考虑的因素通常包括：①运输费用；②交货期；③付款条件；④零配件和售后服务；⑤设备性能、生产能力。因此，本题的正确答案为 D。

二、多项选择题

51.【试题答案】BDE

【试题解析】本题考查重点是"施工合同管理有关各方的职责"。按照标准施工合同通用条款对监理人的相关规定，监理人居于施工合同履行管理的核心地位的主要表现：①监理人应按照合同条款的约定，公平合理地处理合同履行过程中涉及的有关事项；②除合同另有约定外，承包人只从总监理工程师或被授权的监理人员处取得指示；③"商定或确定"条款规定，总监理工程师在协调处理合同履行过程中的有关事项时，应首先与合同当事人协商，尽量达成一致。因此，本题的正确答案为 BDE。

52.【试题答案】BCDE

【试题解析】本题考查重点是"合同的变更或解除"。物资采购合同变更的内容可能涉及订购数量的增减、包装物标准的改变、交货时间和地点的变更等方面。因此，本题的正确答案为 BCDE。

53. 【试题答案】ABCD

【试题解析】本题考查重点是"担保方式"。保证法律关系至少必须有三方参加，即保证人、被保证人（债务人）和债权人。因此，本题的正确答案为ABCD。

54. 【试题答案】ABC

【试题解析】本题考查重点是"建设工程材料设备采购合同的分类"。竞争买卖包括招标、投标和拍卖。因此，本题的正确答案为ABC。

55. 【试题答案】ABD

【试题解析】本题考查重点是"设计合同履行管理"。由于设计错误承担的违约责任如下：作为设计人的基本义务，应对设计资料及文件中出现的遗漏或错误负责修改或补充。由于设计人员错误造成工程质量事故损失，设计人除负责采取补救措施外，应免收直接受损失部分的设计费。损失严重的，还应根据损失的程度和设计人责任大小向发包人支付赔偿金。示范文本中要求设计人的赔偿责任按工程实际损失的百分比计算，当事人双方订立合同时，需在相关条款内具体约定百分比的数额。因此，本题的正确答案为ABD。

56. 【试题答案】ADE

【试题解析】本题考查重点是"设计合同履行管理"。发包人应按合同规定的金额和时间向设计人支付设计费，每逾期支付1天，应承担支付金额千分之二的逾期违约金，且设计人提交设计文件的时间顺延。在合同履行期间，发包人要求终止或解除合同，设计人未开始设计工作的，不退还发包人已付的定金。因此，本题的正确答案为ADE。

57. 【试题答案】ABCE

【试题解析】本题考查重点是"设计施工总承包合同的订立——订立合同时需要明确的内容"。发包人提供的文件，可能包括项目前期工作相关文件、环境保护、气象水文、地质条件资料等。因此，本题的正确答案为ABCE。

58. 【试题答案】ABCD

【试题解析】本题考查重点是"美国 AIA 合同文本"。美国建筑师学会（AIA）编制了众多的系列标准合同文本，适用于不同的项目管理类型和管理模式，包括传统模式、CM 模式、设计－建造模式和集成化管理模式。因此，本题的正确答案为ABCD。

59. 【试题答案】ACDE

【试题解析】本题考查重点是"工程设计招标概述"。设计招标与其他招标的主要区别有如下几个方面：①招标文件的内容不同；②对投标书的编制要求不同；③开标形式不同；④评标原则不同。因此，本题的正确答案为ACDE。

60. 【试题答案】ABDE

【试题解析】本题考查重点是"合同法律关系的构成"。法人应当具备以下条件：①依法成立；②有必要的财产或者经费；③有自己的名称、组织机构和场所；④能够独立承担民事责任。因此，本题的正确答案为ABDE。

61. 【试题答案】AD

【试题解析】本题考查重点是"施工合同管理有关各方的职责"。施工合同当事人是发包人和承包人，双方按照所签订合同约定的义务，履行相应的责任。因此，本题的正确答案为AD。

62. 【试题答案】CDE

【试题解析】本题考查重点是"担保方式"。下列财产可以作为抵押物：①建筑物和其他土地附着物；②建设用地使用权；③以招标、拍卖、公开协商等方式取得的荒地等土地承包经营权；④生产设备、原材料、半成品、产品；⑤正在建造的建筑物、船舶、航空器；⑥交通运输工具；⑦法律、行政法规未禁止抵押的其他财产。以建筑物抵押的，该建筑物占用范围内的建设用地使用权一并抵押。以建设用地使用权抵押的，该土地上的建筑物一并抵押。但下列财产不得抵押：①土地所有权；②耕地、宅基地、自留地、自留山等集体所有的土地使用权，但法律规定可以抵押的除外；③学校、幼儿园、医院等以公益为目的的事业单位、社会团体的教育设施、医疗卫生设施和其他社会公益设施；④所有权、使用权不明或者有争议的财产；⑤依法被查封、扣押、监管的财产；⑥依法不得抵押的其他财产。因此，本题的正确答案为CDE。

63.【试题答案】ABD

【试题解析】本题考查重点是"建设工程合同管理的目标"。工程监理制也是依靠合同来规范业主、承包人、监理人相互之间关系的法律制度，因此，建设领域的各项制度实际上是以合同制度为中心相互推进的，建设工程合同管理的健全完善无疑有助于建筑领域其他各项制度的推进。因此，本题的正确答案为ABD。

64.【试题答案】ABDE

【试题解析】本题考查重点是"建设工程材料设备采购合同的概念"。建设工程材料设备采购合同属于买卖合同，具有买卖合同的一般特点。①出卖人与买受人订立买卖合同，是以转移财产所有权为目的的；②买卖合同的买受人取得财产所有权，必须支付相应的价款；出卖人转移财产所有权，必须以买受人支付价款为对价；③买卖合同是双务、有偿合同。所谓双务、有偿是指合同双方互负一定义务，出卖人应当保质、保量、按期交付合同订购的物资、设备，买受人应当按合同约定的条件接收货物并及时支付货款；④买卖合同是诺成合同。除了法律有特殊规定的情况外，当事人之间意思表示一致，买卖合同即可成立，并不以实物的交付为合同成立的条件。因此，本题的正确答案为ABDE。

65.【试题答案】CDE

【试题解析】本题考查重点是"施工进度管理"。如果发包人根据实际情况向承包人提出提前竣工要求，由于涉及合同约定的变更，应与承包人通过协商达成提前竣工协议作为合同文件的组成部分。协议的内容应包括：承包人修订进度计划及为保证工程质量和安全采取的赶工措施；发包人应提供的条件；所需追加的合同价款；提前竣工给发包人带来效益应给承包人的奖励等。因此，本题的正确答案为CDE。

66.【试题答案】ABCD

【试题解析】本题考查重点是"合同履行中涉及的几个期限"。合同履行中涉及的几个期限包括：①合同工期；②施工期；③缺陷责任期；④保修期。因此，本题的正确答案为ABCD。

67.【试题答案】ABCD

【试题解析】本题考查重点是"材料和通用型设备采购招标文件主要内容"。材料、通用型设备采购招标，应当具备下列条件后方可进行：①项目法人已经依法成立；②按照国家有关规定应当履行项目审批、核准或者备案手续的，已经审批、核准或者备案；③有相应资金或者资金来源已经落实；④能够提出货物的使用与技术要求。因此，本题的正确答案为 ABCD。

68.【试题答案】ABCD

【试题解析】本题考查重点是"建设工程材料设备采购合同的特点"。大型设备的采购，除了交货阶段的工作外，往往还需包括设备生产制造阶段、设备安装调试阶段、设备试运行阶段、设备性能达标检验和保修等方面的条款约定。因此，本题的正确答案为 ABCD。

69.【试题答案】BCDE

【试题解析】本题考查重点是"代理关系的终止"。委托代理关系可因下列原因终止：①代理期限届满或者代理事项完成；②被代理人取消委托或代理人辞去委托；③代理人死亡或代理人丧失民事行为能力；④作为被代理人或者代理人的法人终止。因此，本题的正确答案为 BCDE。

70.【试题答案】ABDE

【试题解析】本题考查重点是"设计施工总承包合同管理有关各方的职责"。尽管委托分包人的招标工作由承包人完成，发包人也不是分包合同的当事人，但为了保证工程项目圆满实现发包人预期的建设目标，通用条款中对工程分包做了如下的规定：①承包人不得将其承包的全部工程转包给第三人，也不得将其承包的全部工程肢解后以分包的名义分别转包给第三人；②分包工作需要征得发包人同意。发包人已同意投标文件中说明的分包，合同履行过程中承包人还需要分包的工作，仍应征得发包人同意；③承包人不得将设计和施工的主体、关键性工作的施工分包给第三人。要求承包人是具有实施工程设计和施工能力的合格主体，而非皮包公司；④分包人的资格能力应与其分包工作的标准和规模相适应，其资质能力的材料应经监理人审查；⑤发包人同意分包的工作，承包人应向发包人和监理人提交分包合同副本。因此，本题的正确答案为 ABDE。

71.【试题答案】ABCE

【试题解析】本题考查重点是"建设工程勘察的内容和合同当事人"。发包人应及时向勘察人提供下列文件资料，并对其准确性、可靠性负责，通常包括：①本工程的批准文件（复印件），以及用地（附红线范围）、施工、勘察许可等批件（复印件）；②工程勘察任务委托书、技术要求和工作范围的地形图、建筑总平面布置图；③勘察工作范围已有的技术资料及工程所需的坐标与标高资料；④勘察工作范围地下已有埋藏物的资料（如电力、电信电缆、各种管道、人防设施、洞室等）及具体位置分布图；⑤其他必要相关资料。因此，本题的正确答案为 ABCE。

72.【试题答案】ABE

【试题解析】本题考查重点是"建设工程材料设备采购合同的分类"。材料采购合同采购的是建筑材料，是指用于建筑和土木工程领域的各种材料的总称，如钢、木材、玻璃、水泥、涂料等，也包括用于建筑设备的材料，如电线、水管等。因此，本题的正确答案为 ABE。

73.【试题答案】ACD

【试题解析】本题考查重点是"工程建设涉及的主要险种"。工程建设由于涉及的法律关系较为复杂，风险也较为多样，因此，工程建设涉及的险种也较多。主要包括：建筑工程一切险（及第三者责任险）、安装工程一切险（及第三者责任险）、机器损坏险、机动车辆险、人身意外伤害险、货物运输险等。但狭义的工程险则是针对工程的保险，则只有建筑工程一切险（及第三者责任险）和安装工程一切险（及第三者责任险），其他险种则并非专门针对工程的保险。由于工程安全事关国计民生，许多国家对工程险有强制性投保的规定。因此，本题的正确答案为ACD。

74.【试题答案】ACDE

【试题解析】本题考查重点是"施工合同标准文本"。标准施工合同的通用条款包括24条，标题分别为：一般约定；发包人义务；监理人；承包人；材料和工程设备；施工设备和临时设施；交通运输；测量放线；施工安全、治安保卫和环境保护；进度计划；开工和竣工；暂停施工；工程质量；试验和检验；变更；价格调整；计量与支付；竣工验收；缺陷责任与保修责任；保险；不可抗力；违约；索赔；争议的解决。共计131款。因此，本题的正确答案为ACDE。

75.【试题答案】ACDE

【试题解析】本题考查重点是"英国NEC合同文本"。NEC的合同系列包括工程施工合同、专业服务合同、工程设计与施工简要合同、评判人合同、定期合同和框架合同。因此，本题的正确答案为ACDE。

76.【试题答案】ABCD

【试题解析】本题考查重点是"订立合同时需要明确的内容"。无论承包人复核时发现与否，由于以下资料的错误，导致承包人增加费用和（或）延误的工期，均由发包人承担，并向承包人支付合理利润：①发包人要求中引用的原始数据和资料；②对工程或其任何部分的功能要求；③对工程的工艺安排或要求；④试验和检验标准；⑤除合同另有约定外，承包人无法核实的数据和资料。因此，本题的正确答案为ABCD。

77.【试题答案】CD

【试题解析】本题考查重点是"施工招标概述"。按照竞争的开放程度，招标可分为公开招标和邀请招标两种方式。为了保障建筑市场的公开公平竞争，通常应采用公开招标。对于技术复杂、有特殊要求或者受自然环境限制，只有少量潜在投标人可供选择或采用公开招标方式的费用占项目合同金额的比例过大，可以进行邀请招标。因此，本题的正确答案为CD。

78.【试题答案】ABCD

【试题解析】本题考查重点是"伴随服务"。合同专用条款与技术规格中约定有附加服务，卖方可能被要求提供下列中的任一项服务或所有的服务：①实施或监督所供货物的现场组装和/或试运行；②提供货物组装和/或维修所需的工具；③为所供货物的每一适当的单台设备提供详细的操作和维护手册；④在双方商定的一定期限内对所供货物实施运行或监督或维护或修理，但前提条件是该服务并不能免除卖方在合同保证期内所承担的义务；⑤在卖方厂家和/或在项目现场就所供货物的组装、试运行、运行、维护和修理对买方人员进行培训。因此，本题的正确答案为ABCD。

79.【试题答案】ABCE

【试题解析】本题考查重点是"订立设计合同时应约定的内容"。设计人配合施工工作的要求包括：①向发包人和施工承包人进行设计交底；②处理有关设计问题；③参加重要隐蔽工程部位验收和竣工验收等事项。因此，本题的正确答案为ABCE。

80. 【试题答案】ABCD

【试题解析】本题考查重点是"FIDIC 施工合同条件部分条款"。FIDIC《施工合同条件》对工程量增减变化较大需要调整合同约定单价的原则是，必须同时满足以下 4 个条件：①该部分工程在合同内约定属于按单价计量支付的部分；②该部分工作通过计量超过工程量清单中估计工程量的数量变化超过 10%；③计量的工作数量与工程量清单中该项单价的乘积，超过中标合同金额（我国标准合同中的"签约合同价"）的 0.01%；④数量的变化导致该项工作的施工单位成本超过 1%。因此，本题的正确答案为 ABCD。

第二套模拟试卷

一、单项选择题 （共 50 题，每题 1 分。每题的备选项中，只有 1 个最符合题意）

1. 在（　　）"补偿事件"标题下规定，项目经理发出的指令或变更导致合同价款的补偿时，如果项目经理认为承包商未就此事件发出过一个有经验的承包商应发出的早期警告，可适当减少承包商应得的补偿。

    A. 核心条款　　　　　　　　　　　　B. 主要选项条款

    C. 次要选项条款　　　　　　　　　　D. 管理条款

2. 由于分部移交工程的缺陷责任期的到期时间早于整个工程的缺陷责任期的到期时间，对分部移交工程的二次返还，也为该部分剩余保留金的（　　）。

    A. 10%　　　　　　　　　　　　　　B. 20%

    C. 30%　　　　　　　　　　　　　　D. 40%

3. 通用条款明确规定，除非得到（　　）同意，雇主承诺不对工程师的权力做进一步的限制。

    A. 承包商　　　　　　　　　　　　　B. 分包商

    C. 监理人　　　　　　　　　　　　　D. 发包人

4. 建设工程施工招标的每种评标办法都包括（　　）。

    A. 评标办法前附表和招标文件　　　　B. 评标办法前附表和正文

    C. 正文和附表格式　　　　　　　　　D. 投标文件和附表格式

5. 某工程采用的是不足额投保方式投保的工程一切险，工程受到保险事件的损害时，保险金不足以赔偿损失，其中临时工程的损失差额由（　　）补偿。

    A. 保险公司　　　　　　　　　　　　B. 发包人

    C. 承包人　　　　　　　　　　　　　D. 发包人和承包人共同

6. （　　）是由保险公司、信托公司、证券公司、实体公司或社会上担保公司出具担保书，担保额度是合同价格的 30%。

    A. 履约担保金　　　　　　　　　　　B. 履约银行保函

    C. 履约商业保函　　　　　　　　　　D. 履约担保书

7. （　　）是指出卖人和买受人订立合同时知道标的物在某一地点的，出卖人应当在该地点交付标的物；不知道标的物在某一地点的，应当在出卖人订立合同时的营业地交付标的物。

    A. 标的物需要运输　　　　　　　　　B. 标的物不需要运输

    C. 标的物需要送货　　　　　　　　　D. 标的物需要提货

8. 某公司所承建的某工程项目采用进口先进设备，出口商提供的进口设备制造图纸及设备的基础土建设计图纸应由（　　）负责该项任务的设计联络工作。

    A. 设计人　　　　　　　　　　　　　B. 发包人

C. 监理工程师   D. 设备安装承包商

9. 保证法律关系至少必须有( )方参加。
   A. 两   B. 三
   C. 四   D. 五

10. 合同约定范围内的工作需国家有关部门审批时,发包人、承包人应按照合同约定的职责分工完成行政审批报送。因国家有关部门审批迟延造成费用增加和(或)工期延误,由( )承担。
    A. 承包人   B. 发包人
    C. 政府部分   D. 发包人和承包人

11. 下列关于设计施工总承包合同的说法错误的是( )。
    A. 合同责任单一,责任明确   B. 建设周期长
    C. 可以减少设计变更   D. 可以减少承包人的索赔

12. 根据《建设工程设计合同(示范文本)》的规定,设计合同采用定金担保,合同总价的( )为定金。
    A. 15%   B. 20%
    C. 25%   D. 30%

13. 招标人最迟应当在书面合同签订后 5 日内向中标人和未中标的投标人退还( )。
    A. 50%投标保证金   B. 80%投标保证金
    C. 全额投标保证金   D. 投标保证金及银行同期存款利息

14. 合同法律关系是一种重要的( )。
    A. 法律关系   B. 权利关系
    C. 义务关系   D. 自然关系

15. 具有让潜在投标人获得招标信息,以便进行项目筛选,确定是否参与竞争作用的是( )。
    A. 资格预审   B. 现场考察
    C. 招标公告   D. 解答投标人的质疑

16. 某施工企业在异地设有分公司,分公司受其委托与材料供应商订立了采购合同。材料交货后货款未支付,供应商应以( )为被告人向人民法院起诉,要求支付材料款。
    A. 分公司   B. 建设单位
    C. 施工企业   D. 监理单位

17. 我国建设领域推行项目法人责任制、招标投标制、工程监理制、合同管理制,其中( )是核心内容。
    A. 项目法人责任制   B. 招标投标制
    C. 工程监理制   D. 合同管理制

18. FIDIC《施工合同条件》是以( )来划分风险责任的归属。
    A. 承包商投标时能否合理预见   B. 承包商投标时能合理预见
    C. 投标人投标时能否合理预见   D. 投标人投标时能合理预见

19. 工程施工合同文本具有( )的特点。
    A. 条款用词简单、适用范围广   B. 条款用词简单、使用灵活

C. 条款用词简洁、使用灵活   D. 条款用词简洁、适用范围广

20. 《建设工程设计合同（示范文本）》规定，设计单位在施工期间派驻现场设计代表的办公用房，应由（   ）提供。

    A. 发包人   B. 施工承包人

    C. 监理人   D. 设计单位

21. 设计施工总承包合同模式下，一般其履约担保需要在（   ）一直有效。

    A. 竣工验收前   B. 颁发工程接收证书前

    C. 工程移交前   D. 竣工后试验通过前

22. 参加合同法律关系，依法享有权利，承担义务的当事人指的是（   ）。

    A. 合同法律关系主体   B. 合同法律关系客体

    C. 法人   D. 自然人和公民

23. FIDIC 施工合同中不可预见的物质条件条款的完整内容，体现了工程师（   ）处理合同履行过程中有关事项的原则。

    A. 公开   B. 公平

    C. 公正   D. 严谨

24. 施工图设计完成后，（   ）应将施工图报送建设行政主管部门，由建设行政主管部门委托的审查机构进行结构安全和强制性标准、规范执行情况等内容的审查。

    A. 发包人   B. 承包人

    C. 设计单位   D. 工程师

25. 建设工程材料设备采购合同管理中，（   ）只适用于成交货物数量少，且金额小的购销合同。

    A. 现金结算   B. 转账结算

    C. 托收承付   D. 支票结算

26. 9 部委联合颁发的适用于大型复杂工程项目的《标准施工招标文件》（2007 年版）中包括（   ）。

    A. 简明施工合同规范   B. 简明施工合同文本

    C. 施工合同标准文本   D. 施工合同标准规范

27. （   ）是指委托供货方代运的货物，供货方把货物交付承运部门并将运输单证寄给采购方，采购方收到单证后在合同约定的期限内即应支付的结算方式。

    A. 现金付款   B. 验货付款

    C. 验证付款   D. 验单付款

28. 由国际复兴开发银行、亚洲开发银行、非洲开发银行、黑海贸易与开发银行、加勒比开发银行、欧洲复兴与开发银行、泛美开发银行、伊斯兰开发银行、北欧发展基金与 FIDIC 共同对《施工合同条件》通用条件的部分条款进行了细化和调整，形成（   ）。

    A. 05 多边银行版   B. 05 多形银行版

    C. 06 多边银行版   D. 06 多形银行版

29. 按照《建设工程设计合同（示范文本）》规定，设计人按合同规定时限交付设计资料及文件后，如果在 1 年内项目未开始施工，则设计人（   ）。

A. 仍应负责处理有关设计问题，但可不再负责设计变更

B. 仍应负责处理有关设计问题，但可适当收取咨询服务费

C. 仍应无偿负责处理有关设计问题

D. 不再负责处理有关设计问题

30. （　　）是指要求在设计阶段为雇主提供咨询服务但不参与合同履行的管理，施工阶段相当于总承包商与分包商、供货商签订分包合同，承担各分包合同的协调管理职责，在保证工程按设定的最大费用前提下完成工程施工任务。

A. 代理型 CM 合同 　　　　　　　　　B. 非代理型 CM 合同

C. 风险型 CM 合同 　　　　　　　　　D. 稳定型 CM 合同

31. 下列选项中，关于投标保证有效期的说法，正确的是（　　）。

A. 投标保证有效期应从投标时起算 　　B. 投标保证有效期应从开标日起算

C. 投标保证有效期不得延长 　　　　　D. 投标保证有效期应长于投标有效期

32. 《机电产品采购国际竞争性招标文件》中关于合同的内容包括（　　）册。

A. 一 　　　　　　　　　　　　　　　B. 两

C. 三 　　　　　　　　　　　　　　　D. 四

33. 下列选项中，关于设计招标的说法，正确的是（　　）。

A. 招标文件中应有具体的工作量

B. 评标时不考虑设计资历

C. 评标时应进行投入、产出经济效益的比较

D. 开标时应按报价高低排定标价次序

34. 出卖人按照约定标的物置于交付地点，买受人违反约定没有收取的，标的物毁损、灭失的风险自违反约定之日起由（　　）承担。

A. 出卖人 　　　　　　　　　　　　　B. 买受人

C. 承运人 　　　　　　　　　　　　　D. 委托人

35. 《招标投标法实施条例》明确规定了必须依法进行招标的项目，下列（　　）项目可以不进行招标。

A. 总投资额 3000 万元，但是单项施工项目合同估算价为 150 万元

B. 关系社会公共利益的公用事业项目合同估算价为 100 万元

C. 使用国有投资的项目施工单项合同估算价为 150 万元

D. 具有相应资质，能自行建设的单项合同估算价为 500 万元

36. 由于由承包人提出设计的初步方案和实施计划，因此清单价格费用的总和为（　　）。

A. 实际合同价 　　　　　　　　　　　B. 签约合同价

C. 预计合同价 　　　　　　　　　　　D. 约定合同价

37. 设计施工总承包合同文件中，专用条款内需约定（　　）对承包人提交文件应批准的合理期限。

A. 分包人 　　　　　　　　　　　　　B. 工程师

C. 监理人 　　　　　　　　　　　　　D. 发包人

38. 《标准设计施工总承包招标文件》共分（　　）章。

A. 六 　　　　　　　　　　　　　　　B. 七

C. 八   D. 九

39. (   )是中标人从银行开具的保函，额度是合同价格的10%。

    A. 履约担保金   B. 履约银行保函
    C. 履约商业保函   D. 履约担保书

40. 下列各项中，不属于履约保证的形式有(   )。

    A. 履约担保金   B. 履约担保书
    C. 履约银行保函   D. 履约商业保函

41. 指定分包商条款的具体表现不包括(   )。

    A. 承包商对指定分包商的违约需承担责任
    B. 招标文件中已说明了指定分包商的工作内容
    C. 承包商有合法理由时，可以拒绝与雇主选定的具体分包单位签订指定分包合同
    D. 承包商对指定分包商的施工协调收取相应的管理费

42. 协议损害其他债权人利益的，其他债权人可以在知道或者应当知道撤销事由之日起
(   )内请求人民法院撤销该协议。

    A. 半年   B. 一年
    C. 两年   D. 三年

43. 下列选项中，关于代理的说法，不正确的是(   )。

    A. 代理的民事责任由被代理人承担
    B. 代理人以自己的名义实施代理行为
    C. 被代理人应承担代理人不当代理行为的民事责任
    D. 代理人有权自行解决他如何向第三人做出意思表示

44. 下列关于劳务分包的说法错误的是(   )。

    A. 施工劳务分包的分包人主要提供劳动力资源
    B. 劳务分包人在全部工程竣工验收合格后，劳务分包人对其施工的工程质量不再承
担责任
    C. 劳务分包人需要编制单独的施工组织计划
    D. 劳务分包人不需要单独办理保险

45. 乙未经甲授权，却以甲代理人的名义与丙签订了买卖合同。甲知道乙的该行为，却不
予否认。那么，乙以甲代理人的名义与丙签订的买卖合同(   )。

    A. 效力待定   B. 无效
    C. 有效   D. 经过乙催告甲后生效

46. 工程施工合同文本中提供了(   )项可供选择的次要选项条款

    A. 15   B. 16
    C. 17   D. 18

47. 材料采购合同的质量验收方法中，根据对产品性能检验的目的，可以进行拉伸、压
缩、冲击及硬度试验的是(   )。

    A. 化学试验法   B. 物理试验法
    C. 生物试验法   D. 强化试验法

48. 材料采购合同属于(   )。

A. 买卖合同   B. 无偿合同

C. 实践性合同   D. 单务合同

49. 主要选项条款中的(   )适用于施工管理承包,管理承包商与雇主签订管理承包合同,他不直接承担施工任务,以管理费用和估算的分包合同总价报价。

A. 标价合同   B. 目标合同

C. 补偿合同   D. 管理合同

50. 9 部委在标准施工合同的基础上,又颁发了《标准设计施工总承包招标文件》(2012年版),其中包括(   )。

A. 《合同条款》   B. 《合同格式》

C. 《合同内容及格式》   D. 《合同条款及格式》

二、多项选择题 (共30题,每题2分。每题的备选项中,有2个或2个以上符合题意,至少有1个错项。错选,本题不得分;少选,所选的每个选项得0.5分)

51. 采购方有权部分或全部拒付货款的情况大致包括(   )。

A. 交付货物的数量少于合同约定,拒付少交部分的货款

B. 交付货物的时间晚于合同约定时间

C. 拒付质量不符合合同要求部分货物的货款

D. 交付货物的地点不是合同约定的地点

E. 供货方交付的货物多于合同规定的数量且采购方不同意接收部分的货物,在承付期内可以拒付

52. 进行设计招标时应编制设计要求文件,该文件应兼顾(   )。

A. 科学性   B. 节约性

C. 严格性   D. 完整性

E. 灵活性

53. 在标准总承包合同的通用条款中规定,履行合同过程中,构成对发包人和承包人有约束力合同的组成文件包括(   )。

A. 合同协议书   B. 中标通知书

C. 投标函及投标函附录   D. 专用条款

E. 通用条款

54. 设计施工总承包合同规定,发包人要求文件说明的技术要求方面的内容包括(   )。

A. 开始工作时间   B. 设计阶段和设计任务

C. 设计标准和规范   D. 设计、施工和设备监造、试验

E. 样品

55. 设计施工阶段承包人应按合同约定的内容和期限,编制详细的进度计划,包括(   )。

A. 设计   B. 采购

C. 改造   D. 施工

E. 安装

56. 按照不同的标准,建设工程材料设备采购合同的分类方式有(   )。

A. 按照标的不同的分类　　　　　　　　　B. 按照工程大小的分类

C. 按照履行时间不同的分类　　　　　　　D. 按照合同订立时间不同的分类

E. 按照合同订立方式不同的分类

57. 甲、乙两公司签订的购货合同约定，乙公司应当在 8 月 30 日向甲公司交付货物。9 月初，乙公司通过铁路运输将货物发运到甲公司所在地车站。此时甲公司享有的权利有（　　）。

A. 拒收货物

B. 要求乙公司承担派车费用

C. 接收货物并要求乙公司承担违约责任

D. 接收货物后不立即付款，扣除部分货款

E. 接到发货协商通知后的 15 天内，通知乙公司办理解除合同手续

58. 按照合同订立方式的不同，建设工程材料设备采购合同可以分为（　　）。

A. 材料采购合同　　　　　　　　　　　　B. 设备采购合同

C. 即时买卖合同　　　　　　　　　　　　D. 竞争买卖合同

E. 自由买卖合同

59. 工程施工合同文本的结构包括（　　）。

A. 核心条款　　　　　　　　　　　　　　B. 成本补偿合同

C. 管理合同　　　　　　　　　　　　　　D. 主要选项条款

E. 次要选项条款

60. 对于发包人负责提供主材料和工程设备的包工部分包料承包方式，应在专用条款内写明材料和工程设备的（　　）等。

A. 名称　　　　　　　　　　　　　　　　B. 规格

C. 数量　　　　　　　　　　　　　　　　D. 价格

E. 时间

61. 下列选项中，关于保证方式的说法，正确的有（　　）。

A. 保证方式有一般保证和连带责任保证

B. 当事人没有约定保证方式，则为一般保证

C. 当事人没有约定保证方式，则为连带责任保证

D. 一般保证是指债务人没有按约定履行债务时，债权人可直接要求保证人履行

E. 一般保证是指债权人必须首先要求债务人履行

62. 下列各项中，属于《简明标准施工招标文件》的有（　　）。

A. 招标公告　　　　　　　　　　　　　　B. 投标人须知

C. 评标办法　　　　　　　　　　　　　　D. 合同条款及格式

E. 发包人要求

63. 按照标的不同，建设工程材料设备采购合同可以分为（　　）。

A. 材料采购合同　　　　　　　　　　　　B. 设备采购合同

C. 即时买卖合同　　　　　　　　　　　　D. 非即时买卖合同

E. 自由买卖合同

64. CM 承包商的酬金约定通常可采用的方式有（　　）。

A. 按承包合同价的百分比取费

B. 按分包合同价的百分比取费

C. 按承包合同实际发生工程费用的百分比取费

D. 按分包合同实际发生工程费用的百分比取费

E. 固定酬金

65. 材料采购合同内应具体写明检验的内容和手段，以及检测应达到的质量标准。对于抽样检查的产品，还应（　　）。

 A. 约定抽检的比例　　　　　　　　B. 约定抽检的范围

 C. 取样的时间　　　　　　　　　　D. 取样的方法

 E. 双方共同认可的检测单位

66. 设备采购合同的采购包括（　　）。

 A. 用于建筑和土木工程领域的各种材料　　B. 用于建筑设备的材料

 C. 安装于工程中的设备　　　　　　　　　D. 在施工过程中使用的设备

 E. 电线、水管

67. 推行合同示范文本制度优点（　　）。

 A. 有助于当事人了解、掌握有关法律、法规

 B. 使具体实施项目的建设工程合同符合法律法规的要求

 C. 有助于当事人熟悉合同的制定

 D. 有利于行政管理机关对合同的监督

 E. 有助于仲裁机构或者人民法院及时裁判纠纷，维护当事人的利益

68. 按照标准施工合同通用条款对监理人的相关规定，监理人受发包人委托对施工合同的履行进行管理的主要表现有（　　）。

 A. 在发包人授权范围内，负责发出指示、检查施工质量、控制进度等现场管理工作

 B. 监理人应按照合同条款的约定，公平合理地处理合同履行过程中涉及的有关事项

 C. 在发包人授权范围内独立处理合同履行过程中的有关事项，行使通用条款规定的，以及具体施工合同专用条款中说明的权力

 D. 承包人收到监理人发出的任何指示，视为已得到发包人的批准，应遵照执行

 E. 在合同规定的权限范围内，独立处理或决定有关事项，如单价的合理调整、变更估价、索赔等

69. 承包商代表有权就（　　）向分包商发布变更指令，这些指令大多数与主合同没有关系。

 A. 增加分包工作内容　　　　　　　B. 改变分包商原定施工方法

 C. 改变分包商原定作业次序　　　　D. 减少分包工作内容

 E. 因主合同发生争议而要求分包商暂停施工

70. 设计施工总承包合同是由（　　）组成。

 A. 前附表　　　　　　　　　　　　B. 协议书

 C. 正文　　　　　　　　　　　　　D. 通用条款

 E. 专用条款

71. 工程施工合同文本的主要选项条款包括（　　）。

A. 选项 A：带有分项工程表的标价合同

B. 选项 C：带有分项工程表的目标合同

C. 选项 D：带有工程量清单的目标合同

D. 选项 E：成本补偿合同

E. 选项 G：管理合同

72. 施工合同履行中，需要进行爆破作业时，承包人应完成的义务包括（　　）。

A. 取得相关行政管理部门的爆破作业许可

B. 取得爆破作业资质证件

C. 与相邻建筑物所有人进行协调

D. 作好施工现场的安全防护工作

E. 保护相邻建筑物

73. 保险制度上的危险的具体表现有（　　）。

A. 发生与否的不确定性
B. 发生时间的不确定性

C. 发生后果的不确定性
D. 发生金额的不确定性

E. 发生地点的不确定性

74. 设计施工承包的范围内包括（　　）的全部工作内容，设计在满足招标人要求的前提下，可以充分体现施工的专利技术、专有技术在施工中的应用，达到设计与施工的紧密衔接。

A. 设计
B. 采购

C. 招标
D. 施工

E. 试运行

75. 发包人是否负责提供工程材料和设备，在通用条款中的规定包括（　　）。

A. 由承包人包工包料承包，发包人不提供工程材料和设备

B. 发包人负责提供主材料和工程设备的包工部分包料承包方式

C. 由承包人包工包料承包，发包人提供工程材料和设备

D. 发包人负责提供主材料和工程设备的包料承包方式

E. 承包人负责提供主材料和工程设备的包工部分包料承包方式

76. 工程施工合同文本中的次要选项条款包括（　　）。

A. 通货膨胀引起的价格调整
B. 成本补偿合同

C. 多种货币
D. 支付承包商预付款

E. 管理合同

77. 合同履行过程中，判定是否按期交货或提货，依照约定的交（提）货方式不同，可能的情况有（　　）。

A. 供货方送货到现场的交货日期，以采购方接收货物时在货单上签收的日期为准

B. 供货方送货到现场的交货日期，以供货方送货物时送货单上的日期为准

C. 供货方负责代运货物，以发货时承运部门签发货单上的戳记日期为准

D. 采购方自提产品，以采购方提货的日期为准

E. 采购方自提产品，以供货方通知提货的日期为准

78. 不可预见物质条件涉及的范围与标准施工合同相同，但通用条款中对风险责任承担的

规定条款有(   )。

 A. 风险由承包人承担   B. 风险由工程师承担

 C. 风险由发包人承担   D. 风险由监理人承担

 E. 风险由分包人承担

79. 设计施工总承包合同规定,发包人要求文件说明的工程范围方面的内容包括(   )。

 A. 工程的目的   B. 永久工程的设计

 C. 工程的规模   D. 工作界区说明

 E. 提供的现场条件

80. 为了明确货物的运输责任,应在相应条款内写明(   )。

 A. 所采用的交(提)货方式   B. 交(接)货物的地点

 C. 接货单位(或接货人)的名称 D. 交(接)货物的时间

 E. 交(接)货物的情况

第二套模拟试卷参考答案、考点分析

一、单项选择题

1.【试题答案】A

【试题解析】本题考查重点是"英国 NEC 合同文本"。在核心条款"补偿事件"标题下规定，项目经理发出的指令或变更导致合同价款的补偿时，如果项目经理认为承包商未就此事件发出过一个有经验的承包商应发出的早期警告，可适当减少承包商应得的补偿。因此，本题的正确答案为 A。

2.【试题答案】D

【试题解析】本题考查重点是"FIDIC 施工合同条件部分条款"。由于分部移交工程的缺陷责任期的到期时间早于整个工程的缺陷责任期的到期时间，对分部移交工程的二次返还，也为该部分剩余保留金的40％。因此，本题的正确答案为 D。

3.【试题答案】A

【试题解析】本题考查重点是"FIDIC 施工合同条件部分条款"。通用条款明确规定，除非得到承包商同意，雇主承诺不对工程师的权力做进一步的限制。因此，本题的正确答案为 A。

4.【试题答案】B

【试题解析】本题考查重点是"标准施工招标文件"。评标办法分为经评审的最低投标价法和综合评估法，供招标人根据项目具体特点和实际需要选择使用。每种评标办法都包括评标办法前附表和正文。正文包括评标办法、评审标准和评标程序等内容。因此，本题的正确答案为 B。

5.【试题答案】C

【试题解析】本题考查重点是"明确保险责任"。标准施工合同要求在专用条款具体约定保险金不足以赔偿损失时，承包人和发包人应承担的责任。如永久工程损失的差额由发包人补偿，临时工程、施工设备等损失的差额由承包人负责。因此，本题的正确答案为 C。

6.【试题答案】D

【试题解析】本题考查重点是"保证在建设工程中的应用"。履约担保书是由保险公司、信托公司、证券公司、实体公司或社会上担保公司出具担保书，担保额度是合同价格的30％。因此，本题的正确答案为 D。

7.【试题答案】B

【试题解析】本题考查重点是"订购产品的交付"。出卖人应当按照约定的地点交付标的物。当事人没有约定交付地点或者约定不明确，可以协议补充；不能达成补充协议的，按照合同有关条款或者交易习惯确定。按照合同有关条款或者交易习惯仍不能确定的，适用下列规定：①标的物需要运输的，出卖人应当将标的物交付给第一承运人以运交给买受人；②标的物不需要运输，出卖人和买受人订立合同时知道标的物在某一地点的，出卖人应当在该地点交付标的物；不知道标的物在某一地点的，应当在出卖人订立合同时的营业地交付标的物。因此，本题的正确答案为B。

8.【试题答案】A

【试题解析】本题考查重点是"设计合同履行管理"。委托设计的工程中，如果有部分属于外商提供的设计，如大型设备采用外商供应的设备则需使用外商提供的制造图纸，设计人应负责对外商的设计资料进行审查，并负责该合同项目的设计联络工作。因此，本题的正确答案为A。

9.【试题答案】B

【试题解析】本题考查重点是"担保方式"。保证法律关系至少必须有三方参加，即保证人、被保证人（债务人）和债权人。因此，本题的正确答案为B。

10.【试题答案】B

【试题解析】本题考查重点是"进度管理"。按照法律法规的规定，合同约定范围内的工作需国家有关部门审批时，发包人、承包人应按照合同约定的职责分工完成行政审批的报送。因国家有关部门审批迟延造成费用增加和（或）工期延误，由发包人承担。因此，本题的正确答案为B。

11.【试题答案】B

【试题解析】本题考查重点是"设计施工总承包的特点"。总承包方式的优点：①单一的合同责任；②固定工期、固定费用；③可以缩短建设周期；④减少设计变更；⑤减少承包人的索赔。因此，本题的正确答案为B。

12.【试题答案】B

【试题解析】本题考查重点是"设计合同履行管理"。设计合同由于采用定金担保，因此合同内没有预付款。发包人应在合同生效后3天内，支付设计费总额的20％作为定金。因此，本题的正确答案为B。

13.【试题答案】D

【试题解析】本题考查重点是"保证在建设工程中的应用"。招标人最迟应当在书面合同签订后5日内向中标人和未中标的投标人退还投标保证金及银行同期存款利息。因此，本题的正确答案为D。

14.【试题答案】A

【试题解析】本题考查重点是"合同法律关系的构成"。法律关系是一定的社会关系在相应的法律规范的调整下形成的权利义务关系。法律关系的实质是法律关系主体之间存在的特定权利义务关系。合同法律关系是一种重要的法律关系。因此，本题的正确答案为A。

15.【试题答案】C

【试题解析】本题考查重点是"施工招标程序"。招标公告或投标邀请书的作用是让潜在投标人获得招标信息，以便进行项目筛选，确定是否参与竞争。因此，本题的正确答案为C。

16.【试题答案】C

【试题解析】本题考查重点是"代理关系"。代理是代理人在代理权限内，以被代理人的名义实施的、其民事责任由被代理人承担的法律行为。按照本题的说明，材料供应合同的当事人应该是某施工企业和材料供应公司，分公司只是施工企业的代理人，所以被代理人应对代理行为承担民事责任。因此，本题的正确答案为C。

17.【试题答案】D

【试题解析】本题考查重点是"建设工程合同管理的目标"。我国建设领域推行项目法人责任制、招标投标制、工程监理制和合同管理制。在这些制度中，核心是合同管理制度。因此，本题的正确答案为D。

18.【试题答案】A

【试题解析】本题考查重点是"FIDIC施工合同条件部分条款"。FIDIC《施工合同条件》是以承包商投标时能否合理预见来划分风险责任的归属，即由于承包商的中标合同价内未包括不可抗力损害的风险费用，因此对不可抗力的损害后果不承担责任。因此，本题的正确答案为A。

19.【试题答案】C

【试题解析】本题考查重点是"英国NEC合同文本"。工程施工合同文本具有条款用词简洁、使用灵活的特点，为了广泛适用于各类的土木工程施工管理，标准文本的结构采用在核心条款的基础上，使用者根据实施工程的承包特点，采用积木块组合形式，选择本工程适用的主要选项条款和次要条款，形成具体的工程施工合同。因此，本题的正确答案为C。

20.【试题答案】A

【试题解析】本题考查重点是"设计合同履行管理——发包人的责任"。由于设计人完成设计工作的主要地点不是施工现场，因此，发包人有义务为设计人在现场工作期间提供必要的工作、生活方便条件。发包人应为设计人派驻现场的工作人员提供的方便条件可能涉及工作、生活、交通等方面的便利条件，以及必要的劳动保护装备。因此，本题的正确答案为A。

21.【试题答案】B

【试题解析】本题考查重点是"履约担保"。承包人应保证其履约担保在发包人颁发工程接收证书前一直有效。如果合同约定需要进行竣工后试验，承包人应保证其履约担保在竣工后试验通过前一直有效。因此，本题的正确答案为B。

22.【试题答案】A

【试题解析】本题考查重点是"合同法律关系的构成"。合同法律关系主体是参加合同法律关系，享有相应权利、承担相应义务的自然人、法人和其他组织，为合同当事人。因此，本题的正确答案为A。

23.【试题答案】B

【试题解析】本题考查重点是"FIDIC施工合同条件部分条款"。FIDIC施工合同中不可预见的物质条件条款的完整内容，体现了工程师公平处理合同履行过程中有关事项的原则。不可预见的物质条件给承包商造成的损失应给予补偿，承包商以往类似情况节约的成本也应做适当的抵消。因此，本题的正确答案为B。

24.【试题答案】A

【试题解析】本题考查重点是"设计合同履行管理——发包人的责任"。施工图设计完成后，发包人应将施工图报送建设行政主管部门，由建设行政主管部门委托的审查机构进行结构安全和强制性标准、规范执行情况等内容的审查。因此，本题的正确答案为A。

25. 【试题答案】A

【试题解析】本题考查重点是"支付结算管理"。建设工程材料设备采购合同管理，结算方式可以是现金支付、转账结算或异地托收承付。现金结算只适用于成交货物数量少，且金额小的购销合同；转账结算适用于同城市或同地区内的结算；托收承付适用于合同双方不在同一城市的结算。因此，本题的正确答案为A。

26. 【试题答案】C

【试题解析】本题考查重点是"施工合同标准文本"。国家发展和改革委员会、财政部、建设部、铁道部、交通部、信息产业部、水利部、民用航空总局、广播电影电视总局9部委联合颁发的适用于大型复杂工程项目的《标准施工招标文件》（2007年版）中包括施工合同标准文本。因此，本题的正确答案为C。

27. 【试题答案】D

【试题解析】本题考查重点是"支付结算管理"。验单付款是指委托供货方代运的货物，供货方把货物交付承运部门并将运输单证寄给采购方，采购方收到单证后在合同约定的期限内即应支付的结算方式。因此，本题的正确答案为D。

28. 【试题答案】C

【试题解析】本题考查重点是"FIDIC合同文本简介"。由国际复兴开发银行、亚洲开发银行、非洲开发银行、黑海贸易与开发银行、加勒比开发银行、欧洲复兴与开发银行、泛美开发银行、伊斯兰开发银行、北欧发展基金与FIDIC共同对《施工合同条件》通用条件的部分条款进行了细化和调整，形成"06多边银行版"。因此，本题的正确答案为C。

29. 【试题答案】B

【试题解析】本题考查重点是"设计合同履行管理"。设计人按合同规定时限交付设计资料及文件后，本年内项目开始施工，负责向发包人及施工单位进行设计交底、处理有关设计问题和参加竣工验收。如果在1年内项目未开始施工，设计人仍应负责上述工作，但可按所需工作量向发包人适当收取咨询服务费，收费额由双方以补充协议商定。因此，本题的正确答案为B。

30. 【试题答案】C

【试题解析】本题考查重点是"美国AIA合同文本"。风险型CM合同，要求在设计阶段为雇主提供咨询服务但不参与合同履行的管理，施工阶段相当于总承包商与分包商、供货商签订分包合同，承担各分包合同的协调管理职责，在保证工程按设定的最大费用前提下完成工程施工任务。因此，本题的正确答案为C。

31. 【试题答案】B

【试题解析】本题考查重点是"保证在建设工程中的应用"。投标保证金有效期应当与投标有效期一致，投标有效期从提交投标文件的截止之日起算。截止时间根据招标项目的情况由招标文件规定。若由于评标时间过长，而使保证到期，招标人应当通知投标人延长保函或者保证书有效期。因此，本题的正确答案为B。

32. 【试题答案】B

【试题解析】本题考查重点是"设备采购合同的主要内容"。《机电产品采购国际竞争性招标文件》中关于合同的内容包括：第一册中的合同通用条款和合同格式；第二册中的合同专用条款。因此，本题的正确答案为B。

33.【试题答案】C

【试题解析】本题考查重点是"建筑工程设计投标管理"。设计投标书的评审包括以下内容：①设计方案的优劣；②投入、产出经济效益比较；③设计进度快慢；④设计资历和社会信誉；⑤报价的合理性。因此，本题的正确答案为C。

34.【试题答案】B

【试题解析】本题考查重点是"订购产品的交付"。出卖人按照约定标的物置于交付地点，买受人违反约定没有收取的，标的物毁损、灭失的风险自违反约定之日起由买受人承担。因此，本题的正确答案为B。

35.【试题答案】D

【试题解析】本题考查重点是"施工招标概述"。依法必须进行施工招标的工程建设项目有下列情况之一的，可以不进行招标：①需要采用不可替代的专利或者专有技术；②采购人依法能够自行建设、生产或者提供；③已通过招标方式选定的特许经营项目投资人依法能够自行建设、生产或者提供；④需要向原中标人采购工程、货物或者服务，否则将影响施工或者功能配套要求；⑤国家规定的其他特殊情形。因此，本题的正确答案为D。

36.【试题答案】B

【试题解析】本题考查重点是"设计施工总承包合同的订立——合同文件"。由于由承包人提出设计的初步方案和实施计划，因此价格清单是指承包人完成所提投标方案计算的设计、施工、竣工、试运行、缺陷责任期各阶段的计划费用，清单价格费用的总和为签约合同价。因此，本题的正确答案为B。

37.【试题答案】C

【试题解析】本题考查重点是"设计施工总承包合同的订立——订立合同时需要明确的内容"。专用条款内还需约定监理人对承包人提交文件应批准的合理期限。因此，本题的正确答案为C。

38.【试题答案】B

【试题解析】本题考查重点是"简明标准施工招标文件"。《标准设计施工总承包招标文件》共分招标公告（或投标邀请书）、投标人须知、评标办法、合同条款及格式、发包人要求、发包人提供的资料、投标文件格式七章。因此，本题的正确答案为B。

39.【试题答案】B

【试题解析】本题考查重点是"保证在建设工程中的应用"。履约银行保函是中标人从银行开具的保函，额度是合同价格的10%。因此，本题的正确答案为B。

40.【试题答案】D

【试题解析】本题考查重点是"保证在建设工程中的应用"。履约保证的形式有履约担保金（又叫履约保证金）、履约银行保函和履约担保书三种。因此，本题的正确答案为D。

41.【试题答案】A

【试题解析】本题考查重点是"FIDIC施工合同条件部分条款"。指定分包商条款的合理性，以不得损害承包商的合法利益为前提。具体表现为：一是招标文件中已说明了指定分包商的工作内容；二是承包商有合法理由时，可以拒绝与雇主选定的具体分包单位签订指定分包合同；三是给指定分包商支付的工程款，从承包商投标报价中未摊入应回收的间接费、税金、风险费的暂定金额内支出；四是承包商对指定分包商的施工协调收取相应的管理费；五是承包商对指定分包商的违约不承担责任。因此，本题的正确答案为 A。

42.【试题答案】B

【试题解析】本题考查重点是"担保方式"。债务人不履行到期债务或者发生当事人约定的实现抵押权的情形，抵押权人可以与抵押人协议以抵押财产折价或者以拍卖、变卖该抵押财产所得的价款优先受偿。协议损害其他债权人利益的，其他债权人可以在知道或者应当知道撤销事由之日起一年内请求人民法院撤销该协议。抵押权人与抵押人未就抵押权实现方式达成协议的，抵押权人可以请求人民法院拍卖、变卖抵押财产。因此，本题的正确答案为 B。

43.【试题答案】B

【试题解析】本题考查重点是"代理关系"。代理是代理人在代理权限内，以被代理人的名义实施的、其民事责任由被代理人承担的法律行为。代理具有以下特征：①代理人必须在代理权限范围内实施代理行为；②代理人以被代理人的名义实施代理行为；③代理人在被代理人的授权范围内独立地表现自己的意志，在被代理人的授权范围内，代理人以自己的意志去积极地为实现被代理人的利益和意愿进行具有法律意义的活动。它具体表现为代理人有权自行解决他如何向第三人做出意思表示，或者是否接受第二人的意思表示；④被代理人对代理行为承担民事责任。被代理人对代理人的代理行为应承担的责任，既包括对代理人执行代理任务的合法行为承担民事责任，也包括对代理人不当代理行为承担民事责任。因此，本题的正确答案为 B。

44.【试题答案】C

【试题解析】本题考查重点是"施工分包合同概述"。施工劳务分包合同规定，分包人不需编制单独的施工组织设计，而是根据承包人制定的施工组织设计和总进度计划的要求施工。因此，本题的正确答案为 C。

45.【试题答案】C

【试题解析】本题考查重点是"无权代理"。《民法通则》规定，无权代理行为只有经过"被代理人"的追认，被代理人才承担民事责任。未经追认的行为，由行为人承担民事责任，但"本人知道他人以自己的名义实施民事行为而不作否认表示的，视为同意"。题干内容为"甲知道乙的该行为，却不予否认"，乙以甲代理人的名义与丙签订的买卖合同是有效的。因此，本题的正确答案为 C。

46.【试题答案】D

【试题解析】本题考查重点是"英国 NEC 合同文本"。工程施工合同文本中提供了18项可供选择的次要选项条款，包括：通货膨胀引起的价格调整；法律的变化；多种货币；母公司担保；区段竣工；提前竣工奖金；误期损害赔偿费；"伙伴关系"协议；履约保证；支付承包商预付款；承包商对其设计所承担的责任限于运用合理的技术和精心设计；保留金；功能欠佳赔偿费；有限责任；关键业绩指标；1996 年房屋补助金、建设和重建法案（适用于英国本土实施的工程）；1999 年合同法案（适用于英国本土实施的工程）；其他合同条件。因此，本题的正确答案为 D。

47. 【试题答案】B

【试题解析】本题考查重点是"交货检验"。质量验收的方法可以采用：①经验鉴别法。即通过目测、手触或以常用的检测工具量测后，判定质量是否符合要求；②物理试验法。根据对产品性能检验的目的，可以进行拉伸试验、压缩试验、冲击试验、金相试验及硬度试验等；③化学分析法。即抽出一部分样品进行定性分析或定量分析的化学试验，以确定其内在质量。因此，本题的正确答案为B。

48. 【试题答案】A

【试题解析】本题考查重点是"建设工程材料设备采购合同的概念"。建设工程材料设备采购合同属于买卖合同，具有买卖合同的一般特点。因此，本题的正确答案为A。

49. 【试题答案】D

【试题解析】本题考查重点是"英国NEC合同文本"。主要选项条款中的标价合同适用于签订合同时价格已经确定的合同，选项A适用于固定价格承包，选项B适用于采用综合单价计量承包；目标合同（选项C、选项D）适用于拟建工程范围在订立合同时还没有完全界定或预测风险较大的情况，承包商的投标价作为合同的目标成本，当工程费用超支或节省时，雇主与承包商按合同约定的方式分摊；成本补偿合同（选项E）适用于工程范围的界定尚不明确，甚至以目标合同为基础也不够充分，而且又要求尽早动工的情况，工程成本部分实报实销，按合同约定的工程成本一定百分比作为承包商的收入；管理合同（选项F）适用于施工管理承包，管理承包商与雇主签订管理承包合同，他不直接承担施工任务，以管理费用和估算的分包合同总价报价。因此，本题的正确答案为D。

50. 【试题答案】D

【试题解析】本题考查重点是"标准设计施工总承包合同"。9部委在标准施工合同的基础上，又颁发了《标准设计施工总承包招标文件》（2012年版），其中包括《合同条款及格式》。因此，本题的正确答案为D。

二、多项选择题

51. 【试题答案】ACE

【试题解析】本题考查重点是"支付结算管理"。采购方有权部分或全部拒付货款的情况大致包括：①交付货物的数量少于合同约定，拒付少交部分的货款；②拒付质量不符合合同要求部分货物的货款；③供货方交付的货物多于合同规定的数量且采购方不同意接收部分的货物，在承付期内可以拒付。因此，本题的正确答案为ACE。

52. 【试题答案】CDE

【试题解析】本题考查重点是"工程设计招标管理"。编制设计要求文件应兼顾三个方面：严格性，文字表达应清楚不被误解；完整性，任务要求全面不遗漏；灵活性，要为投标人发挥设计创造性留有充分的自由度。因此，本题的正确答案为CDE。

53. 【试题答案】ABCD

【试题解析】本题考查重点是"设计施工总承包合同的订立——合同文件"。在标准总承包合同的通用条款中规定，履行合同过程中，构成对发包人和承包人有约束力合同的组成文件包括：①合同协议书；②中标通知书；③投标函及投标函附录；④专用条款；⑤通用合同条款；⑥发包人要求；⑦承包人建议书；⑧价格清单；⑨其他合同文件——经合同当事人双方确认构成合同文件的其他文件。因此，本题的正确答案为 ABCD。

54.【试题答案】BCDE

【试题解析】本题考查重点是"设计施工总承包合同的订立——合同文件"。设计施工总承包合同规定，发包人要求文件应说明 11 个方面的内容，其中技术要求包括：①设计阶段和设计任务；②设计标准和规范；③技术标准和要求；④质量标准；⑤设计、施工和设备监造、试验；⑥样品；⑦发包人提供的其他条件，如发包人或其委托的第三人提供的设计、工艺包、用于试验检验的工器具等，以及据此对承包人提出的予以配套的要求等。因此，本题的正确答案为 BCDE。

55.【试题答案】ABDE

【试题解析】本题考查重点是"承包人提交实施项目的计划"。承包人应按合同约定的内容和期限，编制详细的进度计划，包括设计、承包人提交文件、采购、制造、检验、运达现场、施工、安装、试验的各个阶段的预期时间以及设计和施工组织方案说明等报送监理人。因此，本题的正确答案为 ABDE。

56.【试题答案】ACE

【试题解析】本题考查重点是"建设工程材料设备采购合同的分类"。按照不同的标准，建设工程材料设备采购合同可以有不同的分类。①按照标的不同的分类；②按照履行时间不同的分类；③按照合同订立方式不同的分类。因此，本题的正确答案为 ACE

57.【试题答案】ACE

【试题解析】本题考查重点是"违约责任"。不论合同内规定由供货方将货物送达指定地点交接，还是采购方去自提，均要按合同约定依据逾期交货部分货款总价计算违约金。对约定由采购方自提货物而不能按期交付时，若发生采购方的其他额外损失，这笔实际开支的费用也应由供货方承担。如采购方已按期派车到指定地点接收货物，而供货方又不能交付时，则派车损失应由供货方支付。发生逾期交货事件后，供货方还应在发货前与采购方就发货的有关事宜进行协商。采购仍需要时，可继续发货照数补齐，并承担逾期交货责任；如果采购方认为已不再需要，有权在接到发货协商通知后的 15 天内，通知供货方办理解除合同手续。但逾期不予答复视为同意供货方继续发货。因此，本题的正确答案为 ACE。

58.【试题答案】DE

【试题解析】本题考查重点是"建设工程材料设备采购合同的分类"。按照合同订立方式的不同，建设工程材料设备采购合同可以分为竞争买卖合同和自由买卖合同。因此，本题的正确答案为 DE。

59.【试题答案】ADE

【试题解析】本题考查重点是"英国 NEC 合同文本"。工程施工合同文本的结构包括：①核心条款；②主要选项条款；③次要选项条款。因此，本题的正确答案为 ADE。

60.【试题答案】ABCD

【试题解析】本题考查重点是"设计施工总承包合同的订立——订立合同时需要明确的内容"。发包人是否负责提供工程材料和设备，在通用条款中也给出两种不同供选择的条款：一种是由承包人包工包料承包，发包人不提供工程材料和设备；另一种是发包人负责提供主材料和工程设备的包工部分包料承包方式。对于后一种情况，应在专用条款内写明材料和工程设备的名称、规格、数量、价格、交货方式、交货地点等。因此，本题的正确答案为 ABCD。

61.【试题答案】ACE

【试题解析】本题考查重点是"担保方式——保证"。保证的方式有两种，即一般保证和连带责任保证，所以选项 A 正确；在具体合同中，担保方式由当事人约定，如果当事人没有约定或者约定不明确的，则按照连带责任保证承担保证责任，所以选项 B 错误，选项 C 正确；一般保证是指当事人在保证合同中约定，债务人不能履行债务时，由保证人承担责任的保证。一般保证的保证人在主合同纠纷未经审判或者仲裁，并就债务人财产依法强制执行仍不能履行债务前，对债权人可以拒绝承担担保责任，所以选项 D 错误，选项 E 正确。因此，本题的正确答案为 ACE。

62.【试题答案】ABCD

【试题解析】本题考查重点是"简明标准施工招标文件"。《简明标准施工招标文件》共分招标公告（或投标邀请书）、投标人须知、评标办法、合同条款及格式、工程量清单、图纸、技术标准和要求、投标文件格式八章。因此，本题的正确答案为 ABCD。

63.【试题答案】AB

【试题解析】本题考查重点是"建设工程材料设备采购合同的分类"。按照标的不同，建设工程材料设备采购合同可以分为材料采购合同和设备采购合同。因此，本题的正确答案为 AB。

64.【试题答案】BDE

【试题解析】本题考查重点是"美国 AIA 合同文本"。CM 承包商的酬金约定通常可采用以下三种方式中的一种：按分包合同价的百分比取费；按分包合同实际发生工程费用的百分比取费；固定酬金。因此，本题的正确答案为 BDE。

65.【试题答案】ADE

【试题解析】本题考查重点是"交货检验"。合同内应具体写明检验的内容和手段，以及检测应达到的质量标准。对于抽样检查的产品，还应约定抽检的比例和取样的方法，以及双方共同认可的检测单位。因此，本题的正确答案为 ADE。

66.【试题答案】CD

【试题解析】本题考查重点是"建设工程材料设备采购合同的分类"。设备采购合同采购的设备，既可能是安装于工程中的设备，如安装在电力工程中的发电机、发动机等，也包括在施工过程中使用的设备，如塔吊等。因此，本题的正确答案为 CD。

67.【试题答案】ABDE

【试题解析】本题考查重点是"推行合同示范文本制度"。推行合同示范文本制度，一方面有助于当事人了解、掌握有关法律、法规，使具体实施项目的建设工程合同符合法律法规的要求，避免缺款少项，防止出现显失公平的条款，也有助于当事人熟悉合同的运行；另一方面，有利于行政管理机关对合同的监督，有助于仲裁机构或者人民法院及时裁判纠纷，维护当事人的利益。因此，本题的正确答案为 ABDE。

68.【试题答案】ACDE

【试题解析】本题考查重点是"施工合同管理有关各方的职责"。按照标准施工合同通用条款对监理人的相关规定，监理人受发包人委托对施工合同的履行进行管理的主要表现有：①在发包人授权范围内，负责发出指示、检查施工质量、控制进度等现场管理工作；②在发包人授权范围内独立处理合同履行过程中的有关事项，行使通用条款规定的，以及具体施工合同专用条款中说明的权力；③承包人收到监理人发出的任何指示，视为已得到发包人的批准，应遵照执行；④在合同规定的权限范围内，独立处理或决定有关事项，如单价的合理调整、变更估价、索赔等。因此，本题的正确答案为 ACDE。

69.【试题答案】ABCD

【试题解析】本题考查重点是"施工分包合同履行管理"。由于承包人与分包人同时在施工现场进行施工，因此承包人的协调管理工作主要通过发布一系列指示来实现。承包人随时可以向分包人发出分包工程范围内的有关工作指令。因此，本题的正确答案为 ABCD。

70.【试题答案】BDE

【试题解析】本题考查重点是"标准设计施工总承包合同"。设计施工总承包合同的文件组成与标准施工合同相同，也是由协议书、通用条款和专用条款组成，与标准施工合同内容相同的条款在用词上也完全一致。因此，本题的正确答案为 BDE。

71.【试题答案】ABCD

【试题解析】本题考查重点是"英国 NEC 合同文本"。主要选项条款包括：①选项 A：带有分项工程表的标价合同；②选项 B：带有工程量清单的标价合同；③选项 C：带有分项工程表的目标合同；④选项 D：带有工程量清单的目标合同；⑤选项 E：成本补偿合同；⑥选项 F：管理合同。因此，本题的正确答案为 ABCD。

72.【试题答案】BDE

【试题解析】本题考查重点是"承包人的义务"。选项 A、C 属于发包人的义务。因此，本题的正确答案为 BDE。

73.【试题答案】ABC

【试题解析】本题考查重点是"保险概述"。保险制度上的危险是一种损失发生的不确定性，其表现为：①发生与否的不确定性；②发生时间的不确定性；③发生后果的不确定性。因此，本题的正确答案为 ABC。

74.【试题答案】ACDE

【试题解析】本题考查重点是"设计施工总承包的特点"。承包的范围内包括设计、招标、施工、试运行的全部工作内容，设计在满足招标人要求的前提下，可以充分体现施工的专利技术、专有技术在施工中的应用，达到设计与施工的紧密衔接。因此，本题的正确答案为 ACDE。

75.【试题答案】AB

【试题解析】本题考查重点是"设计施工总承包合同的订立——订立合同时需要明确的内容"。发包人是否负责提供工程材料和设备，在通用条款中也给出两种不同供选择的条款：一种是由承包人包工包料承包，发包人不提供工程材料和设备；另一种是发包人负责提供主材料和工程设备的包工部分包料承包方式。因此，本题的正确答案为 AB。

76.【试题答案】ACD

【试题解析】本题考查重点是"英国 NEC 合同文本"。工程施工合同文本中提供了 18 项可供选择的次要选项条款，包括：通货膨胀引起的价格调整；法律的变化；多种货币；

母公司担保；区段竣工；提前竣工奖金；误期损害赔偿费；"伙伴关系"协议；履约保证；支付承包商预付款；承包商对其设计所承担的责任只限于运用合理的技术和精心设计；保留金；功能欠佳赔偿费；有限责任；关键业绩指标；1996 年房屋补助金、建设和重建法案（适用于英国本土实施的工程）；1999 年合同法案（适用于英国本土实施的工程）；其他合同条件。因此，本题的正确答案为 ACD。

77.【试题答案】ACE

【试题解析】本题考查重点是"订购产品的交付"。合同履行过程中，判定是否按期交货或提货，依照约定的交（提）货方式不同，可能有以下几种情况：①供货方送货到现场的交货日期，以采购方接收货物时在货单上签收的日期为准；②供货方负责代运货物，以发货时承运部门签发货单上的戳记日期为准；③采购方自提产品，以供货方通知提货的日期为准。因此，本题的正确答案为 ACE。

78.【试题答案】AC

【试题解析】本题考查重点是"设计施工总承包合同的订立——订立合同时需要明确的内容"。不可预见物质条件涉及的范围与标准施工合同相同，但通用条款中对风险责任承担的规定有两个供选择的条款：一是此风险由承包人承担；二是由发包人承担。因此，本题的正确答案为 AC。

79.【试题答案】BDE

【试题解析】本题考查重点是"设计施工总承包合同的订立——合同文件"。设计施工总承包合同规定，发包人要求文件应说明 11 个方面的内容，其中工程范围包括：①承包工作：永久工程的设计、采购、施工范围，临时工程的设计与施工范围，竣工验收工作范围，技术服务工作范围，培训工作范围和保修工作范围；②工作界区说明；③发包人的配合工作：提供的现场条件（施工用电、用水和施工排水），提供的技术文件（发包人的需求任务书和已完成的设计文件）。因此，本题的正确答案为 BDE。

80.【试题答案】ABC

【试题解析】本题考查重点是"订购产品的交付"。为了明确货物的运输责任，应在相应条款内写明所采用的交（提）货方式、交（接）货物的地点、接货单位（或接货人）的名称。因此，本题的正确答案为 ABC。

第三套模拟试卷

一、**单项选择题**（共 50 题，每题 1 分。每题的备选项中，只有 1 个最符合题意）

1. CM 合同依据雇主委托项目实施阶段管理的范围和管理责任不同，分为（   ）两类。

    A. 风险型 CM 合同和稳定型 CM 合同　　B. 风险型 CM 合同和非代理型 CM 合同

    C. 代理型 CM 合同和风险型 CM 合同　　D. 代理型 CM 合同和非代理型 CM 合同

2. 以下标准不属于综合评估法的初步评审标准的是（   ）。

    A. 形式评审标准

    B. 资格评审标准

    C. 响应性评审标准

    D. 施工组织设计和项目管理机构评审标准

3. 设计施工总承包合同的订立中，通用条款规定（   ）负责办理并承担费用，因此需在专用条款内明确。

    A. 承包人　　　　　　　　　　　　B. 发包人

    C. 分包人　　　　　　　　　　　　D. 监理人

4. （   ）是 FIDIC 编制其他合同文本的基础。

    A.《施工合同条件》

    B.《生产设备和设计-施工合同条件》

    C.《设计采购施工（EPC）/交钥匙工程合同条件》

    D.《简明合同格式》

5.《机电产品采购国际竞争性招标文件》中关于合同的内容，其第二册包括（   ）。

    A. 合同专用条款　　　　　　　　　B. 合同通用条款

    C. 合同格式　　　　　　　　　　　D. 合同内容

6. 承包人订购的建筑材料，通过铁路运抵工程所在地车站后，承包人提货时应与（   ）共同验货。

    A. 供货商　　　　　　　　　　　　B. 铁路运输部门

    C. 监理工程师　　　　　　　　　　D. 供货商和铁路运输部门

7. 设计合同示范文本规定，设计人负责设计的建（构）筑物需注明（   ）。

    A. 施工方案　　　　　　　　　　　B. 合理使用年限

    C. 竣工验收的标准　　　　　　　　D. 设计变更的期限

8. 踏勘现场后涉及对招标文件进行澄清修改的，招标人应当在招标文件要求提交投标文件的截止时间至少（   ）日前以书面形式通知所有招标文件收受人。

    A. 5　　　　　　　　　　　　　　　B. 10

    C. 15　　　　　　　　　　　　　　　D. 30

9. 若承包商直接参与施工，将部分承包任务分包，则不属于（   ）。

A. 标价合同　　　　　　　　　　　　B. 目标合同

　　　C. 补偿合同　　　　　　　　　　　　D. 管理合同

10. 主要选项条款中的(　　)适用于签订合同时价格已经确定的合同。

　　　A. 标价合同　　　　　　　　　　　　B. 目标合同

　　　C. 补偿合同　　　　　　　　　　　　D. 管理合同

11. 监理公司以其所有的房屋作为抵押物,与银行签订抵押合同,该抵押合同的生效日期为(　　)之日。

　　　A. 当事人签字　　　　　　　　　　　B. 抵押物登记

　　　C. 转移产权证　　　　　　　　　　　D. 转移房屋占有

12. 《招标投标法实施条例》明确规定了必须依法进行招标的项目,下列(　　)项目可以不进行招标。

　　　A. 总投资额 2000 万元,但是单项施工项目合同估算价为 250 万元

　　　B. 关系社会公共利益的基础设施项目合同估算价为 100 万元

　　　C. 使用国家融资的项目施工单项合同估算价为 150 万元

　　　D. 需要采用专有技术的单项合同估算价为 500 万元

13. 法人成立进行注册登记时,应当以(　　)为住所。

　　　A. 主要经营场所所在地　　　　　　　B. 主要合同履行地

　　　C. 主要办事机构所在地　　　　　　　D. 董事长的户口所在地

14. (　　)主要是依靠行政手段来规范财产流转关系。

　　　A. 自然经济　　　　　　　　　　　　B. 商品经济

　　　C. 市场经济　　　　　　　　　　　　D. 计划经济

15. (　　)是指买受人分期支付价款。

　　　A. 货样买卖　　　　　　　　　　　　B. 试用买卖

　　　C. 分期交付买卖　　　　　　　　　　D. 分期付款买卖

16. 合同的(　　)尽管在招标投标阶段已作为招标文件的组成部分,但在合同订立过程中有些问题还需要明确或细化,以保证合同的权利和义务界定清晰。

　　　A. 专用条款和普通条款　　　　　　　B. 专用条款和基本条款

　　　C. 通用条款和基本条款　　　　　　　D. 通用条款和专用条款

17. 关于设计招标,下列说法错误的是(　　)。

　　　A. 设计招标的特点是投标人将招标人对项目的设想变成可实施方案的竞争

　　　B. 一般工程项目的设计可分为三个阶段:初步设计、技术设计和施工图设计阶段

　　　C. 设计招标应采用设计方案竞选的方式

　　　D. 设计招标文件对投标人所提出的要求不必很详细

18. 下列选项中,关于抵押的说法,正确的是(　　)。

　　　A. 抵押的财产不转移占有　　　　　　B. 抵押的财产应当为抵押人所有

　　　C. 土地所有权可以作为抵押物　　　　D. 抵押合同应自登记之日起生效

19. 设计施工总承包合同的订立中,通用条款规定(　　)负责办理取得出入施工场地的专用和临时道路的通行权,以及取得为工程建设所需修建场外设施的权利,并承担有关费用。

A. 承包人　　　　　　　　　　　　　　　B. 发包人
C. 分包人　　　　　　　　　　　　　　　D. 监理人

20. 某工程项目，发包人将工程主体结构施工和电梯安装分别发包给了甲、乙两个承包人。乙承包人在进行电梯安装时，由于甲承包人不配合，给乙承包人造成了一定的损失，该损失应当由（　　）承担。

A. 乙承包人　　　　　　　　　　　　　B. 发包人
C. 甲承包人　　　　　　　　　　　　　D. 工程师

21. FIDIC 标准合同文本中的（　　），适用于承包商以交钥匙方式进行设计、采购和施工，完成一个配备完善的工程，雇主"转动钥匙"时即可运行的总承包项目建设合同。

A. 《施工合同条件》（1999 年版）
B. 《生产设备和设计—施工合同条件》（1999 年版）
C. 《设计采购施工（EPC）/交钥匙工程合同条件》（1999 年版）
D. 《简明合同格式》（1999 年版）

22. 采购方拒付货款，应当按照（　　）的拒付规定办理。

A. 国家财政部门结算办法　　　　　　B. 地方财政部门结算办法
C. 中国人民银行结算办法　　　　　　D. 银行结算办法

23. 下列各项说法中，正确的是（　　）。

A. 投保人可以为受益人、被保险人不可以为受益人
B. 投保人不可以为受益人、被保险人可以为受益人
C. 投保人、被保险人都可以为受益人
D. 投保人、被保险人都不可以为受益人

24. 设计施工总承包合同模式下，关于"开始工作通知"说法正确的是（　　）。

A. 表明从发出该通知时间开始工作
B. 与"开工通知"的说法相同
C. 表明自该通知中载明的开始工作日期计算合同工期
D. 该通知是由发包人发出的

25. 设计合同中约定的费用为估算设计费，需按批准的（　　）核算设计费。

A. 扩大的初步设计概算　　　　　　　B. 施工图预算
C. 投资估算　　　　　　　　　　　　D. 初步设计概算

26. 对于具体工程项目建设使用的施工合同，（　　），就构成了一个内容约定完备的合同文件。

A. 标价合同加上选定的核心条款和主要选项条款
B. 标价合同加上选定的主要选项条款和次要选项条款
C. 核心条款加上选定的主要选项条款和次要选项条款
D. 核心条款加上选定的主要选项条款和标价合同

27. 建设工程合同的承包人必须具备法人资格，并具备相应的承包资质，是由建设工程合同（　　）决定的。

A. 合同主体的严格性　　　　　　　　B. 合同标的的特殊性
C. 合同履行期限的长期性　　　　　　D. 计划和程序的严格性

28. 建设工程项目设备材料采购招标，最低投标价法考虑的因素为(   )。
    A. 售后服务   B. 运输费用
    C. 付款条件   D. 设备性能

29. 工程师审查承包商提交的施工组织设计和进度计划时，认为承包商使用的施工设备数量不够而不能保证工程进度，则工程师(   )。
    A. 有权要求增加施工设备，增加的费用由业主承担
    B. 无权要求增加施工设备，但有权要求加快施工进度
    C. 有权要求增加施工设备，增加的费用由承包商承担
    D. 无权要求增加施工设备，也无权要求加快施工进度

30. 按照《建设工程设计合同（示范文本）》的规定，订立设计合同时，发包人委托任务的项目设计要求不包括(   )。
    A. 设计深度要求   B. 施工组织要求
    C. 建筑物的设计合理使用年限要求   D. 设计人配合施工工作的要求

31. 某工程项目材料供应合同中约定，供货方支付订购的材料后，采购方再行支付货款，合同履行过程中，由供货方交付的材料质量不符合约定标准，采购方拒付货款，采购方行使的是(   )。
    A. 同时履行抗辩权   B. 后履行抗辩权
    C. 先诉抗辩权   D. 不安抗辩权

32. 工程选用的质量标准只要满足(   )要求即可，不会采用更高的质量标准。
    A. 承包人   B. 工程师
    C. 发包人   D. 监理人

33. 设计施工总承包合同模式下，承包人对总监理工程师授权的监理人员发出的指示有疑问时，可在该指示发出的(   )小时内向总监理工程师提出书面异议，总监理工程师应在(   )小时内对该指示予以确认、更改或撤销。
    A. 12，12   B. 24，24
    C. 36，36   D. 48，48

34. 由于联合体的组成和内部分工是评标中很重要的评审内容，联合体协议经发包人确认后已作为(   )。
    A. 合同条款   B. 合同内容
    C. 合同附件   D. 合同协议

35. 建设工程合同应当采用书面形式，是(   )的体现。
    A. 合同标的的特殊性   B. 合同履行期限的长期性
    C. 计划和程序的严格性   D. 合同形式的特殊要求

36. 与雇主签订合同的 CM 承包商，属于(   )。
    A. 建筑师   B. 工程师
    C. 专业咨询机构   D. 承担施工的承包商公司

37. 美国 AIA 合同文本中(   )是施工期间所涉及各类合同文件的基础。
    A.《施工合同条件》   B.《生产设备和设计－施工合同条件》
    C.《施工合同通用条件》   D.《简明合同格式》

38. 设计施工总承包合同的文件组成与（　　）相同。
　　　A. 工程施工合同　　　　　　　　　　B. 专业服务合同
　　　C. 标准施工合同　　　　　　　　　　D. 定期合同

39. 竣工验收合格，监理人应在收到竣工验收申请报告后的（　　）天内，向承包人出具经发包人签认的工程接收证书。
　　　A. 7　　　　　　　　　　　　　　　　B. 14
　　　C. 28　　　　　　　　　　　　　　　　D. 56

40. 我国《合同法》对合同形式确立了以（　　）为主的原则。
　　　A. 要式　　　　　　　　　　　　　　B. 不要式
　　　C. 书面形式　　　　　　　　　　　　D. 口头形式

41. 设计施工总承包合同与（　　）内容相同的条款在用词上也完全一致。
　　　A. 标准施工合同　　　　　　　　　　B. 专业服务合同
　　　C. 工程施工合同　　　　　　　　　　D. 定期合同

42. 下列各项中，不属于《简明标准施工招标文件》的有（　　）。
　　　A. 招标公告　　　　　　　　　　　　B. 投标人须知
　　　C. 评标办法　　　　　　　　　　　　D. 发包人要求

43. 设计施工总承包合同模式下，对于发包人要求中对某工程部分功能的要求错误，承包人在复核时未能发现，导致承包人费用增加和延误工期，则（　　）。
　　　A. 发包人承担费用并延长工期，支付合理利润
　　　B. 承包人承担费用和延误的工期
　　　C. 发包人承担费用并延长工期，无须支付利润
　　　D. 发包人和承包人共同承担费用，并延长工期

44. 根据工程项目招标初评阶段的投标书修正原则，当投标文件中的总价金额与单价金额不一致时，应（　　）。
　　　A. 以总价金额为准　　　　　　　　　B. 以单价金额为准
　　　C. 淘汰该标书　　　　　　　　　　　D. 重新进行核算

45. 基于被代理人对代理人的委托授权行为而产生的代理称为（　　）。
　　　A. 法定代理　　　　　　　　　　　　B. 指定代理
　　　C. 转代理　　　　　　　　　　　　　D. 委托代理

46. 不属于保险制度上的危险的具体表现的是（　　）。
　　　A. 发生与否的不确定性　　　　　　　B. 发生时间的不确定性
　　　C. 发生后果的不确定性　　　　　　　D. 发生金额的不确定性

47. 根据《建设施工合同（示范文本）》，（　　）表明合同终止。
　　　A. 竣工验收合格　　　　　　　　　　B. 工程移交
　　　C. 竣工结算　　　　　　　　　　　　D. 结清单生效

48. 评标委员会的成员应为（　　）人以上单数。
　　　A. 3　　　　　　　　　　　　　　　　B. 5
　　　C. 7　　　　　　　　　　　　　　　　D. 9

49. 业主对分包合同的管理主要表现为（　　）。

A. 对分包商发布指令
B. 对分包工程的批准
C. 向分包商支付工程款
D. 审查分包商的资质

50. (　　)对提供的施工场地及毗邻区域内的供水、排水、供电、供气、供热、通信、广播电视等地下管线位置的资料；气象和水文观测资料；相邻建筑物和构筑物、地下工程的有关资料，以及其他与建设工程有关的原始资料，承担原始资料错误造成的全部责任。

A. 工程师
B. 承包人
C. 监理人
D. 发包人

二、**多项选择题**（共 30 题，每题 2 分。每题的备选项中，有 2 个或 2 个以上符合题意，至少有 1 个错项。错选，本题不得分；少选，所选的每个选项得 0.5 分）

51. 建设工程施工招标是招标人通过招标方式发包各类（　　）等施工任务，与选择的施工承包或工程总承包企业订立合同的行为。

A. 建筑工程
B. 材料工程
C. 安装工程
D. 装饰工程
E. 设备工程

52. 由于由承包人提出设计的初步方案和实施计划，因此价格清单是指承包人完成所提投标方案计算的（　　）和缺陷责任期各阶段的计划费用，清单价格费用的总和为签约合同价。

A. 设计
B. 施工
C. 竣工
D. 采购
E. 试运行

53.《招标投标法实施条例》明确规定了必须依法进行招标的项目，下列（　　）项目可以不进行招标。

A. 总投资额 2000 万元，但是单项施工项目合同估算价为 150 万元
B. 关系社会公共利益的公用事业项目合同估算价为 100 万元
C. 施工单项合同估算价为 250 万元
D. 具有相应资质，能自行建设的单项合同估算价为 500 万元
E. 需要采用专有技术的单项合同估算价为 300 万元

54. 以代理权产生的依据不同，可将代理分为（　　）。

A. 指定代理
B. 法定代理
C. 转代理
D. 委托代理
E. 无权代理

55. 标准施工合同要求履约担保采用保函的形式，给出的履约保函准格式主要表现的特点有（　　）。

A. 担保期限
B. 担保方式
C. 担保金额
D. 担保当事人
E. 担保事项

56. 设计施工总承包合同的通用条款对"承包人文件"的定义是：由承包人根据合同应提交的（　　）。

A. 协议   B. 所有图纸

C. 手册   D. 模型

E. 软件

57. 投标邀请书适用于进行资格后审的邀请招标，包括(　　)等内容。

A. 邀请单位名称   B. 招标条件

C. 项目概况与招标范围   D. 购买招标文件的时间

E. 确认和联系方式

58. 投标文件对招标文件技术方面未作实质性响应的，包括(　　)等。

A. 提供的技术规格中一般参数超出允许偏离的最大范围

B. 提供的投标担保有瑕疵

C. 复制招标文件的技术规格相关部分内容作为投标文件的一部分

D. 没有按招标文件要求提供投标担保

E. 投标文件没有投标人授权代表签字

59. 设计施工总承包合同规定，发包人要求文件说明的文件要求方面的内容包括(　　)。

A. 设计标准和规范   B. 设计文件

C. 沟通计划   D. 风险管理计划

E. 竣工文件和工程的其他记录

60. 发包人是总承包合同的一方当事人，对工程项目的(　　)有关重大事项的决定。

A. 投资资金   B. 实施负责投资支付

C. 项目建设   D. 建设工期

E. 材料设备

61. 投标保证金将被没收的情况有(　　)。

A. 中标人根据规定提交履约保证金

B. 投标人在投标函格式中规定的投标有效期内撤回其投标

C. 中标人在规定期限内无正当理由未能根据规定签订合同，或根据规定接受对错误的修正

D. 中标人根据规定未能提交履约保证金

E. 投标人采用不正当的手段骗取中标

62. 《建设工程设计合同》示范文本规定，下列工作中，属于设计单位义务的有(　　)。

A. 组织设计成果鉴定   B. 参加隐蔽工程验收

C. 审查外商提供的设备设计图纸   D. 组织并主持设计交底会

E. 向有关主管部门办理竣工图纸的审查备案

63. 下列选项中，关于抵押的说法，正确的有(　　)。

A. 抵押不转移抵押物的占有

B. 抵押人不再负有保管抵押物的义务

C. 抵押人未经抵押权人同意并告知受让人转让物已抵押的情况，转让抵押物的行为无效

D. 抵押人转让抵押物只需通知抵押权人即可

E. 抵押人转让抵押物应告知受让人转让物已抵押

64. 约定保证工程最大费用（GMP）后，由于实施过程中发生 CM 承包商确定 GMP 时不一致使得工程费用增加的情况后，可以与雇主协商调整（GMP）。可能的情况包括（　　）。

    A. 发生设计变更或补充图纸

    B. 发生工程时间的变化

    C. 发生工程费用的变化

    D. 雇主要求变更材料、设备的标准、系统、种类、数量和质量

    E. 雇主签约交由 CM 承包商管理的施工承包商或雇主指定分包商与 CM 承包商签约的合同价大于 GMP 中的相应金额

65. 按照标准施工合同通用条款对监理人的相关规定，有关监理人指示通用条款明确规定（　　）。

    A. 监理人应按照合同条款的约定，公平合理地处理合同履行过程中涉及的有关事项

    B. 除合同另有约定外，承包人只从总监理工程师或被授权的监理人员处取得指示

    C. 监理人未能按合同约定发出指示、指示延误或指示错误而导致承包人施工成本增加和（或）工期延误，由发包人承担赔偿责任

    D. 承包人收到监理人发出的任何指示，视为已得到发包人的批准，应遵照执行

    E. 监理人无权免除或变更合同约定的发包人和承包人权利、义务和责任

66. 暂列金额在通用条款内列出的可选用的条款有（　　）。

    A. 区段工程应达到的要求

    B. 约定分部移交区段的名称

    C. 计日工费和暂估价均已包括在合同价格内，实施过程中不再另行考虑

    D. 发包人不提供施工设备或临时设施

    E. 实际发生的费用另行补偿的方式

67. 按照合同的约定，供货方交付产品时，可以作为双方验收依据的资料包括（　　）。

    A. 双方签订的采购合同　　　　　　　B. 产品合格证、检验单

    C. 供货方封存的样品　　　　　　　　D. 图纸、样品或其他技术证明文件

    E. 供货方提供的发货单、计量单、装箱单及其他有关凭证

68. 招标公告适用于进行资格预审的公开招标，包括（　　）等内容。

    A. 招标条件　　　　　　　　　　　　B. 邀请单位名称

    C. 项目概况与招标范围　　　　　　　D. 投标人资格要求

    E. 招标文件的获取

69. 某招标项目的评标委员会初定成员由 5 人组成，其中 2 人为招标人代表，3 人为招标人以外的专家。按招标法规的要求，评标委员会成员的修改方式可为（　　）。

    A. 只减少 1 名招标人代表

    B. 招标人代表不变，增加 1 名招标人以外的专家

    C. 招标人代表不变，增加 2 名招标人以外的专家

    D. 招标人代表不变，增加 4 名招标人以外的专家

    E. 减少 1 名招标人代表，同时增加 1 名招标人以外的专家

70. 建设工程施工招标人按照（　　）的时间、地点发售招标文件。

A. 招标公告　　　　　　　　　　　　B. 投标公告

C. 进行资格预审　　　　　　　　　　D. 投标邀请书

E. 申请招标

71. 风险型 CM 承包商应有很高的施工管理和组织协调能力，工作内容包括(　　)。

A. 施工前阶段的计划工作　　　　　　B. 施工前阶段的咨询服务

C. 施工阶段的组织工作　　　　　　　D. 施工阶段的管理工作

E. 施工后阶段的处理工作

72. 下列关于设计施工总承包合同模式下分包工程的说法错误的是(　　)。

A. 承包人不得将承包的全部工程转包给第三人

B. 分包工作可以自行分包

C. 要求分包人是具有实施工程设计和施工能力的合格主体

D. 分包人的资质能力不需要经过监理人审查

E. 分包人的资格能力应与其分包工作的标准和规模相适应

73. 担保活动应当遵循(　　)的原则。

A. 平等　　　　　　　　　　　　　　B. 自愿

C. 公平　　　　　　　　　　　　　　D. 公正

E. 诚实信用

74. 设计施工总承包合同的订立，发包人负责永久工程的征地，需要在专用条款中明确(　　)。

A. 工程的资金及工期

B. 工程用地的范围

C. 移交施工现场的时间

D. 明确从外部接入现场的施工用水、用电、用气等

E. 如果发包人同意承包人施工需要临时用地应负责完成的工作内容

75. 下列各项中，属于《标准设计施工总承包招标文件》的有(　　)。

A. 招标公告　　　　　　　　　　　　B. 工程量清单

C. 投标人须知　　　　　　　　　　　D. 评标办法

E. 投标文件格式

76. 依法加强建设工程合同管理，可以保障建筑市场的(　　)和劳动力的管理，保障建筑市场有序运行。

A. 资金　　　　　　　　　　　　　　B. 材料

C. 技术　　　　　　　　　　　　　　D. 人才

E. 信息

77. 下列关于设计施工总承包合同的特点说法正确的是(　　)。

A. 单一的合同责任　　　　　　　　　B. 固定工期、固定费用

C. 增加设计变更　　　　　　　　　　D. 缩短建设周期

E. 增加承包人的索赔

78. 在下列(　　)情况下，工程师可以暂停施工。

A. 地方法规要求在某一时间段内不允许施工

B. 同时在现场的几个独立承包人之间出现施工交叉干扰

C. 施工作业方法可能危及现场或毗邻地区建筑物或人身安全

D. 发包人订购的设备已运抵施工现场

E. 施工遇到了有考古价值的文物或古迹需要进行现场保护

79. 合同法律关系的客体,包括(　　)。

A. 提供一定劳务　　　　　　　　B. 限制流通物

C. 禁止流通物　　　　　　　　　D. 智力成果

E. 完成一定的工作

80. 保险索赔的证据包括(　　)。

A. 保单　　　　　　　　　　　　B. 口头叙述

C. 建设工程合同　　　　　　　　D. 事故照片

E. 鉴定报告

第三套模拟试卷参考答案、考点分析

一、单项选择题

1. 【试题答案】C

【试题解析】本题考查重点是"美国 AIA 合同文本"。CM 合同依据雇主委托项目实施阶段管理的范围和管理责任不同，分为代理型 CM 合同和风险型 CM 合同两类。因此，本题的正确答案为 C。

2. 【试题答案】D

【试题解析】本题考查重点是"综合评估法"。综合评估法与最低评标价法初步评审标准的参考因素与评审标准等方面基本相同，只是综合评估法初步评审标准包含形式评审标准、资格评审标准和响应性评审标准三部分。因此，本题的正确答案为 D。

3. 【试题答案】A

【试题解析】本题考查重点是"设计施工总承包合同的订立——订立合同时需要明确的内容"。通用条款对道路通行权和场外设施做出了两种可选用的约定形式，一种是发包人负责办理取得出入施工场地的专用和临时道路的通行权，以及取得为工程建设所需修建场外设施的权利，并承担有关费用。另一种是承包人负责办理并承担费用，因此需在专用条款内明确。因此，本题的正确答案为 A。

4. 【试题答案】A

【试题解析】本题考查重点是"FIDIC 合同文本简介"。《施工合同条件》是 FIDIC 编制其他合同文本的基础，《生产设备和设计-施工合同条件》和《设计采购施工（EPC）/交钥匙工程合同条件》不仅文本格式与《施工合同条件》相同，而且内容要求相同的条款完全照搬施工合同中的相应条款。因此，本题的正确答案为 A。

5. 【试题答案】A

【试题解析】本题考查重点是"设备采购合同的主要内容"。《机电产品采购国际竞争性招标文件》中关于合同的内容包括：第一册中的合同通用条款和合同格式；第二册中的合同专用条款。因此，本题的正确答案为 A。

6. 【试题答案】B

【试题解析】本题考查重点是"交货检验"。由供货方代运的货物，采购方在站场提货地点应与运输部门共同验货，以便发现灭失、短少、损坏等情况时，能及时分清责任。因此，本题的正确答案为 B。

7. 【试题答案】B

【试题解析】本题考查重点是"设计合同履行管理"。设计人负责设计的建（构）筑物需注明设计的合理使用年限。因此，本题的正确答案为 B。

8. 【试题答案】C

【试题解析】本题考查重点是"施工招标程序"。踏勘现场后涉及对招标文件进行澄清修改的，招标人应当在招标文件要求提交投标文件的截止时间至少 15 日前以书面形式通知所有招标文件收受人。因此，本题的正确答案为 C。

9.【试题答案】D

【试题解析】本题考查重点是"英国 NEC 合同文本"。若承包商直接参与施工，将部分承包任务分包，则不属于管理合同。因此，本题的正确答案为 D。

10.【试题答案】A

【试题解析】本题考查重点是"英国 NEC 合同文本"。主要选项条款中的标价合同适用于签订合同时价格已经确定的合同，选项 A 适用于固定价格承包，选项 B 适用于采用综合单价计量承包；目标合同（选项 C、选项 D）适用于拟建工程范围在订立合同时还没有完全界定或预测风险较大的情况，承包商的投标价作为合同的目标成本，当工程费用超支或节省时，雇主与承包商按合同约定的方式分摊；成本补偿合同（选项 E）适用于工程范围的界定尚不明确，甚至以目标合同为基础也不够充分，而且又要求尽早动工的情况，工程成本部分实报实销，按合同约定的工程成本一定百分比作为承包商的收入；管理合同（选项 F）适用于施工管理承包，管理承包商与雇主签订管理承包合同，他不直接承担施工任务，以管理费用和估算的分包合同总价报价。因此，本题的正确答案为 A。

11.【试题答案】B

【试题解析】本题考查重点是"担保方式——抵押"。当事人以建筑物和其他土地附着物，建设用地使用权，以招标、拍卖、公开协商等方式取得的荒地等土地承包经营权的土地使用权，正在建造的建筑物抵押的，应当办理抵押登记。抵押权自登记时设立。当事人以生产设备、原材料、半成品、产品，交通运输工具，或者正在建造的船舶、航空器抵押的，抵押权自抵押合同生效时设立；未经登记，不得对抗善意第三人。因此，本题的正确答案为 B。

12.【试题答案】D

【试题解析】本题考查重点是"施工招标的范围"。依法必须进行施工招标的工程建设项目有下列情况之一的，可以不进行招标：①需要采用不可替代的专利或者专有技术；②采购人依法能够自行建设、生产或者提供；③已通过招标方式选定的特许经营项目投资人依法能够自行建设、生产或者提供；④需要向原中标人采购工程、货物或者服务，否则将影响施工或者功能配套要求；⑤国家规定的其他特殊情形。因此，本题的正确答案为 D。

13.【试题答案】C

【试题解析】本题考查重点是"合同法律关系的构成"。法人的法定代表人是自然人，他依照法律或者法人组织章程的规定，代表法人行使职权。法人以它的主要办事机构所在地为住所。因此，本题的正确答案为 C。

14.【试题答案】D

【试题解析】本题考查重点是"建设工程合同管理的目标"。市场经济与计划经济的最主要区别在于：市场经济主要是依靠合同来规范当事人的交易行为，而计划经济主要是依靠行政手段来规范财产流转关系，因此，发展和完善建筑市场，必须有规范的建设工程合同管理制度。因此，本题的正确答案为 D。

15.【试题答案】D

【试题解析】本题考查重点是"建设工程材料设备采购合同的分类"。分期付款买卖，是指买受人分期支付价款。因此，本题的正确答案为 D。

16.【试题答案】D

【试题解析】本题考查重点是"设计施工总承包合同的订立"。合同的通用条款和专用条款尽管在招标投标阶段已作为招标文件的组成部分，但在合同订立过程中有些问题还需要明确或细化，以保证合同的权利和义务界定清晰。因此，本题的正确答案为 D。

17.【试题答案】B

【试题解析】本题考查重点是"工程设计招标概述"。与工程设计的两个阶段相对应，工程设计招标一般分为初步设计招标和施工图设计招标。对计划复杂而又缺乏经验的项目，如被称为鸟巢的国家体育场，在必要时还要增加技术设计阶段。因此，本题的正确答案为 B。

18.【试题答案】A

【试题解析】本题考查重点是"担保方式——抵押"。由于抵押物是不转移占有的，因此能够成为抵押物的财产必须具备一定的条件，所以选项 A 正确。抵押的财产不一定为抵押人所有，土地所有权不可以作为抵押物，所以选项 B、C 错误；当事人以建筑物和其他土地附着物，建设用地使用权，以招标、拍卖、公开协商等方式取得的荒地等土地承包经营权的土地使用权，正在建造的建筑物抵押的，应当办理抵押登记。抵押权自登记时设立。当事人以生产设备、原材料、半成品、产品，交通运输工具，或者正在建造的船舶、航空器抵押的，抵押权自抵押合同生效时设立；未经登记，不得对抗善意第三人，所以选项 D 错误。因此，本题的正确答案为 A。

19.【试题答案】B

【试题解析】本题考查重点是"设计施工总承包合同的订立——订立合同时需要明确的内容"。通用条款对道路通行权和场外设施做出了两种可选用的约定形式，一种是发包人负责办理取得出入施工场地的专用和临时道路的通行权，以及取得为工程建设所需修建场外设施的权利，并承担有关费用。另一种是承包人负责办理并承担费用，因此需在专用条款内明确。因此，本题的正确答案为 B。

20.【试题答案】B

【试题解析】本题考查重点是"施工合同管理"。非承包人原因引起的损失，由发包人承担责任。因此，本题的正确答案为 B。

21.【试题答案】C

【试题解析】本题考查重点是"FIDIC 合同文本简介"。《设计采购施工（EPC）/交钥匙工程合同条件》（1999 年版），适用于承包商以交钥匙方式进行设计、采购和施工，完成一个配备完善的工程，雇主"转动钥匙"时即可运行的总承包项目建设合同。因此，本题的正确答案为 C。

22.【试题答案】C

【试题解析】本题考查重点是"支付结算管理"。采购方拒付货款，应当按照中国人民银行结算办法的拒付规定办理。因此，本题的正确答案为 C。

23.【试题答案】C

【试题解析】本题考查重点是"保险概述"。受益人是指人身保险合同中由被保险人或者投保人指定的享有保险金请求权的人，投保人、被保险人可以为受益人。因此，本题的正确答案为 C。

24.【试题答案】C

【试题解析】本题考查重点是"开始工作"。符合专用条款约定的开始工作条件时，监理人获得发包人同意后应提前 7 天向承包人发出开始工作通知。合同工期自开始工作通知中载明的开始工作日期起计算。设计施工总承包合同未用开工通知是由于承包人收到开始工作通知后首先开始设计工作。因此，本题的正确答案为 C。

25.【试题答案】D

【试题解析】本题考查重点是"设计合同履行管理"。如果合同内约定的费用为估算设计费，则双方在初步设计审批后，需按批准的初步设计概算核算设计费。工程建设期间如遇概算调整，则设计费也应做相应调整。因此，本题的正确答案为 D。

26.【试题答案】C

【试题解析】本题考查重点是"英国 NEC 合同文本"。对于具体工程项目建设使用的施工合同，核心条款加上选定的主要选项条款和次要选项条款，就构成了一个内容约定完备的合同文件。因此，本题的正确答案为 C。

27.【试题答案】A

【试题解析】本题考查重点是"建设工程合同的特征"。承包人则必须具备法人资格，而且应当具备相应的从事勘察设计、施工、监理等资质。无营业执照或无承包资质的单位不能作为建设工程合同的主体，资质等级低的单位不能越级承包建设工程。因此，本题的正确答案为 A。

28.【试题答案】B

【试题解析】本题考查重点是"材料和通用型设备采购招标文件主要内容"。最低投标价法：采购简单商品、半成品、原材料，以及其他性能、质量相同或容易进行比较的货物时，仅以报价和运费作为比较要素，选择总价格最低者中标。因此，本题的正确答案为 B。

29.【试题答案】C

【试题解析】本题考查重点是"施工质量管理"。承包人使用的施工设备不能满足合同进度计划或质量要求时，监理人有权要求承包人增加或更换施工设备，增加的费用和工期延误由承包人承担。因此，本题的正确答案为 C。

30.【试题答案】B

【试题解析】本题考查重点是"订立设计合同时应约定的内容"。项目设计要求：①限额设计的要求；②设计依据的标准；③建筑物的设计合理使用年限要求；④设计深度要求；⑤设计人配合施工工作的要求；⑥法律、法规规定应满足的其他条件。因此，本题的正确答案为 B。

31.【试题答案】B

【试题解析】本题考查重点是"设计合同履行管理"。《合同法》第六十七条规定："当事人互负债务，有先后履行顺序，先履行一方未履行的，后履行一方有权拒绝其履行要求；先履行一方履行债务不符合约定的，后履行一方有权拒绝其相应的履行要求。"因此，本题的正确答案为 B。

32.【试题答案】C

【试题解析】本题考查重点是"设计施工总承包的特点"。由于在招标文件中发包人仅对项目的建设提出具体要求，实际方案由承包人提出，设计可能受到实施者利益影响，对工程实施成本的考虑往往会影响到设计方案的优化。工程选用的质量标准只要满足发包人要求即可，不会采用更高的质量标准。因此，本题的正确答案为C。

33. 【试题答案】D

【试题解析】本题考查重点是"设计施工总承包合同管理有关各方的职责"。承包人对总监理工程师授权的监理人员发出的指示有疑问时，可在该指示发出的48小时内向总监理工程师提出书面异议，总监理工程师应在48小时内对该指示予以确认、更改或撤销。因此，本题的正确答案为D。

34. 【试题答案】C

【试题解析】本题考查重点是"设计施工总承包合同管理有关各方的职责"。由于联合体的组成和内部分工是评标中很重要的评审内容，联合体协议经发包人确认后已作为合同附件，因此通用条款规定，履行合同过程中，未经发包人同意，承包人不得擅自改变联合体的组成和修改联合体协议。因此，本题的正确答案为C。

35. 【试题答案】D

【试题解析】本题考查重点是"建设工程合同的特征"。我国《合同法》对合同形式确立了以不要式为主的原则，即在一般情况下对合同形式采用书面形式还是口头形式没有限制。但是，考虑到建设工程的重要性和复杂性，在建设过程中经常会发生影响合同履行的纠纷，因此，《合同法》要求建设工程合同应当采用书面形式，即采用要式合同。因此，本题的正确答案为D。

36. 【试题答案】D

【试题解析】本题考查重点是"美国AIA合同文本"。与雇主签订合同的CM承包商，属于承担施工的承包商公司，而非建筑师或专业咨询机构。因此，本题的正确答案为D。

37. 【试题答案】C

【试题解析】本题考查重点是"美国AIA合同文本"。《施工合同通用条件》（A201）是施工期间所涉及各类合同文件的基础。因此，本题的正确答案为C。

38. 【试题答案】C

【试题解析】本题考查重点是"标准设计施工总承包合同"。设计施工总承包合同的文件组成与标准施工合同相同，也是由协议书、通用条款和专用条款组成，与标准施工合同内容相同的条款在用词上也完全一致。因此，本题的正确答案为C。

39. 【试题答案】D

【试题解析】本题考查重点是"竣工验收管理"。竣工验收合格，监理人应在收到竣工验收申请报告后的56天内，向承包人出具经发包人签认的工程接收证书。因此，本题的正确答案为D。

40. 【试题答案】B

【试题解析】本题考查重点是"建设工程合同的特征"。我国《合同法》对合同形式确立了以不要式为主的原则，即在一般情况下对合同形式采用书面形式还是口头形式没有限制。因此，本题的正确答案为B。

41. 【试题答案】A

【试题解析】本题考查重点是"标准设计施工总承包合同"。设计施工总承包合同的文件组成与标准施工合同相同，也是由协议书、通用条款和专用条款组成，与标准施工合同内容相同的条款在用词上也完全一致。因此，本题的正确答案为A。

42.【试题答案】D

【试题解析】本题考查重点是"简明标准施工招标文件"。《简明标准施工招标文件》共分招标公告（或投标邀请书）、投标人须知、评标办法、合同条款及格式、工程量清单、图纸、技术标准和要求、投标文件格式八章。因此，本题的正确答案为D。

43.【试题答案】A

【试题解析】本题考查重点是"订立合同时需要明确的内容"。无论承包人复核时发现与否，由于以下资料的错误，导致承包人增加费用和（或）延误的工期，均由发包人承担，并向承包人支付合理利润：①发包人要求中引用的原始数据和资料；②对工程或其任何部分的功能要求；③对工程的工艺安排或要求；④试验和检验标准；⑤除合同另有约定外，承包人无法核实的数据和资料。因此，本题的正确答案为A。

44.【试题答案】B

【试题解析】本题考查重点是"最低评标价法"。投标报价有算术错误的，评标委员会按以下原则对投标报价进行修正，修正的价格经投标人书面确认后具有约束力。投标人不接受修正价格的，应当否决该投标人的投标。①投标文件中的大写金额与小写金额不一致的，以大写金额为准；②总价金额与依据单价计算出的结果不一致的，以单价金额为准修正总价，但单价金额小数点有明显错误的除外。因此，本题的正确答案为B。

45.【试题答案】D

【试题解析】本题考查重点是"代理关系"。委托代理是基于被代理人对代理人的委托授权行为而产生的代理。因此，本题的正确答案为D。

46.【试题答案】D

【试题解析】本题考查重点是"保险概述"。保险制度上的危险是一种损失发生的不确定性，其表现为：①发生与否的不确定性；②发生时间的不确定性；③发生后果的不确定性。因此，本题的正确答案为D。

47.【试题答案】D

【试题解析】本题考查重点是"缺陷责任期管理"。承包人收到发包人最终支付款后结清单生效。结清单生效即表明合同终止，承包人不再拥有索赔的权利。因此，本题的正确答案为D。

48.【试题答案】B

【试题解析】本题考查重点是"施工招标程序"。评标委员会由招标人或其委托的招标代理机构熟悉相关业务的代表，以及有关技术、经济等方面的专家组成，成员人数为五人以上单数，其中技术、经济等方面的专家不得少于成员总数的三分之二。因此，本题的正确答案为B。

49.【试题答案】B

【试题解析】本题考查重点是"施工分包合同概述"。发包人不是分包合同的当事人，对分包合同权利义务如何约定也不参与意见，与分包人没有任何合同关系。但作为工程项目的投资方和施工合同的当事人，他对分包合同的管理主要表现为对分包工程的批准。因此，本题的正确答案为 B。

50.【试题答案】D

【试题解析】本题考查重点是"承包人现场查勘"。发包人对提供的施工场地及毗邻区域内的供水、排水、供电、供气、供热、通信、广播电视等地下管线位置的资料；气象和水文观测资料；相邻建筑物和构筑物、地下工程的有关资料，以及其他与建设工程有关的原始资料，承担原始资料错误造成的全部责任。承包人应对其阅读这些有关资料后，所做出的解释和推断负责。因此，本题的正确答案为 D。

二、多项选择题

51.【试题答案】ACD

【试题解析】本题考查重点是"施工招标概述"。建设工程施工招标是招标人通过招标方式发包各类建筑工程、安装工程和装饰工程等施工任务，与选择的施工承包或工程总承包企业订立合同的行为。因此，本题的正确答案为 ACD。

52.【试题答案】ABCE

【试题解析】本题考查重点是"设计施工总承包合同的订立——合同文件"。由于由承包人提出设计的初步方案和实施计划，因此价格清单是指承包人完成所提投标方案计算的设计、施工、竣工、试运行、缺陷责任期各阶段的计划费用，清单价格费用的总和为签约合同价。因此，本题的正确答案为 ABCE。

53.【试题答案】ADE

【试题解析】本题考查重点是"施工招标概述"。必须招标的范围：关系社会公共利益、公众安全的基础设施项目；关系社会公共利益、公众安全的公用事业项目；使用国有资金投资项目；国家融资项目；使用国际组织或者外国政府资金的各类建设项目；施工单项合同估算价在 200 万元人民币以上，或单项合同估算价虽低于 200 万元人民币，但项目总投资额在 3000 万元人民币以上的工程应采用招标方式订立合同。依法必须进行施工招标的工程建设项目有下列情况之一的，可以不进行招标：①需要采用不可替代的专利或者专有技术；②采购人依法能够自行建设、生产或者提供；③已通过招标方式选定的特许经营项目投资人依法能够自行建设、生产或者提供；④需要向原中标人采购工程、货物或者服务，否则将影响施工或者功能配套要求；⑤国家规定的其他特殊情形。因此，本题的正确答案为 ADE。

54.【试题答案】ABD

【试题解析】本题考查重点是"代理关系"。代理是代理人以被代理人的名义实施的法律行为，所以在代理关系中所设定的权利义务，当然应当直接归属被代理人享受和承担。以代理权产生的依据不同，可将代理分为委托代理、法定代理和指定代理。因此本题的正确答案为 ABD。

55.【试题答案】AB

【试题解析】本题考查重点是"施工合同标准文本"。标准施工合同要求履约担保采用保函的形式，给出的履约保函准格式主要表现为以下两个方面的特点：①担保期限；②担保方式。因此，本题的正确答案为 AB。

56.【试题答案】BCDE

【试题解析】本题考查重点是"设计施工总承包合同的订立——订立合同时需要明确的内容"。通用条款对"承包人文件"的定义是：由承包人根据合同应提交的所有图纸、手册、模型、计算书、软件和其他文件。因此，本题的正确答案为BCDE。

57.【试题答案】BCE

【试题解析】本题考查重点是"标准施工招标文件"。投标邀请书适用于进行资格后审的邀请招标，包括被邀请单位名称、招标条件、项目概况与招标范围、投标人资格要求、招标文件的获取、投标文件的递交、确认和联系方式等内容。因此，本题的正确答案为BCE。

58.【试题答案】AC

【试题解析】本题考查重点是"评标"。从技术角度，下列投标也将被拒绝：①投标文件不满足招标文件技术规格中加注星号（"＊"）的主要参数要求或加注星号（"＊"）的主要参数无技术资料支持的；技术支持资料以制造商公开发布的印刷资料或检测机构出具的检测报告为准。若制造商公开发布的印刷资料与检测机构出具的检测报告不一致，以检测机构出具的检测报告为准；②投标文件技术规格中一般参数超出允许偏离的最大范围或最高项数的；③投标文件技术规格中的响应与事实不符或虚假投标的；④投标人复制招标文件的技术规格相关部分内容作为其投标文件的一部分的；⑤投标文件符合招标文件中规定否决投标的其他技术条款。因此，本题的正确答案为AC。

59.【试题答案】BCDE

【试题解析】本题考查重点是"设计施工总承包合同的订立——合同文件"。设计施工总承包合同规定，发包人要求文件应说明11个方面的内容，其中文件要求包括：设计文件，及其相关审批、核准、备案要求；沟通计划；风险管理计划；竣工文件和工程的其他记录；操作和维修手册及其他承包人文件。因此，本题的正确答案为BCDE。

60.【试题答案】BC

【试题解析】本题考查重点是"设计施工总承包合同管理有关各方的职责"。发包人是总承包合同的一方当事人，对工程项目的实施负责投资支付和项目建设有关重大事项的决定。因此，本题的正确答案为BC。

61.【试题答案】BCDE

【试题解析】本题考查重点是"保证在建设工程中的应用"。下列任何情况时，投标保证金将被没收：一是投标人在投标函格式中规定的投标有效期内撤回其投标；二是中标人在规定期限内无正当理由未能根据规定签订合同，或根据规定接受对错误的修正；三是中标人根据规定未能提交履约保证金；四是投标人采用不正当的手段骗取中标。因此，本题的正确答案为BCDE。

62.【试题答案】AC

【试题解析】本题考查重点是"设计合同履行管理——设计人的责任"。设计合同履行管理中，设计人的责任义务包括：①保证设计质量；②各设计阶段的工作任务；③对外商的设计资料进行审查；④配合施工的义务；⑤保护发包人的知识产权。因此，本题的正确答案为AC。

63.【试题答案】ADE

【试题解析】本题考查重点是"担保方式——抵押"。抵押是指债务人或者第三人向债权人以不转移占有的方式提供一定的财产作为抵押物，用以担保债务履行的担保方式，所以选项 A 正确；抵押人有义务妥善保管抵押物并保证其价值，所以选项 B 错误；抵押期间，抵押人转让已办理登记的抵押物，应当通知抵押权人并告知受让人转让物已经抵押的情况。否则，该转让行为无效，所以选项 C 错误，选项 D、E 正确。因此，本题的正确答案为 ADE。

64.【试题答案】ADE

【试题解析】本题考查重点是"美国 AIA 合同文本"。约定保证工程最大费用（GMP）后，由于实施过程中发生 CM 承包商确定 GMP 时不一致使得工程费用增加的情况后，可以与雇主协商调整（GMP）。可能的情况包括：发生设计变更或补充图纸；雇主要求变更材料、设备的标准、系统、种类、数量和质量；雇主签约交由 CM 承包商管理的施工承包商或雇主指定分包商与 CM 承包商签约的合同价大于 GMP 中的相应金额等情况。因此，本题的正确答案为 ADE。

65.【试题答案】CE

【试题解析】本题考查重点是"施工合同管理有关各方的职责"。按照标准施工合同通用条款对监理人的相关规定，有关监理人指示通用条款明确规定：①监理人未能按合同约定发出指示、指示延误或指示错误而导致承包人施工成本增加和（或）工期延误，由发包人承担赔偿责任；②监理人无权免除或变更合同约定的发包人和承包人权利、义务和责任。因此，本题的正确答案为 CE。

66.【试题答案】CE

【试题解析】本题考查重点是"设计施工总承包合同的订立——订立合同时需要明确的内容"。通用条款中对承包人在投标阶段，按照发包人在价格清单中给出的计日工和暂估价的报价均属于暂列金额内支出项目。通用条款内分别列出两种可选用的条款，一种是计日工费和暂估价均已包括在合同价格内，实施过程中不再另行考虑；另一种是实际发生的费用另行补偿的方式。因此，本题的正确答案为 CE。

67.【试题答案】ABDE

【试题解析】本题考查重点是"交货检验"。按照合同的约定，供货方交付产品时，可以作为双方验收依据的资料包括：①双方签订的采购合同；②供货方提供的发货单、计量单、装箱单及其他有关凭证；③合同内约定的质量标准。应写明执行的标准代号、标准名称；④产品合格证、检验单；⑤图纸、样品或其他技术证明文件；⑥双方当事人共同封存的样品。因此，本题的正确答案为 ABDE。

68.【试题答案】ACDE

【试题解析】本题考查重点是"标准施工招标文件"。招标公告适用于进行资格预审的公开招标，包括招标条件、项目概况与招标范围、投标人资格要求、招标文件的获取、投标文件的递交、发布公告的媒介和联系方式等内容。因此，本题的正确答案为 ACDE。

69.【试题答案】CDE

【试题解析】本题考查重点是"施工招标程序"。评标委员会成员名单一般应于开标前确定。评标委员会成员名单在中标结果确定前应当保密。评标委员会由招标人或其委托的招标代理机构熟悉相关业务的代表，以及有关技术、经济等方面的专家组成，成员人数为五人以上单数，其中技术、经济等方面的专家不得少于成员总数的三分之二。因此，本题的正确答案为 CDE。

70.【试题答案】AD

【试题解析】本题考查重点是"施工招标程序"。招标人按照招标公告（未进行资格预审）或投标邀请书（邀请招标）的时间、地点发售招标文件。因此，本题的正确答案为 AD。

71.【试题答案】BCD

【试题解析】本题考查重点是"美国 AIA 合同文本"。风险型 CM 承包商应非常熟悉施工工艺和方法；了解施工成本的组成；有很高的施工管理和组织协调能力，工作内容包括施工前阶段的咨询服务和施工阶段的组织、管理工作。因此，本题的正确答案为 BCD。

72.【试题答案】BD

【试题解析】本题考查重点是"设计施工总承包合同管理有关各方的职责"。通用条款中对工程分包做了如下的规定：①承包人不得将其承包的全部工程转包给第三人，也不得将其承包的全部工程肢解后以分包的名义分别转包给第三人；②分包工作需要征得发包人同意。发包人已同意投标文件中说明的分包，合同履行过程中承包人还需要分包的工作，仍应征得发包人同意；③承包人不得将设计和施工的主体、关键性工作的施工分包给第三人。要求分包人是具有实施工程设计和施工能力的合格主体，而非皮包公司；④分包人的资格能力应与其分包工作的标准和规模相适应，其资质能力的材料应经监理人审查；⑤发包人同意分包的工作，承包人应向发包人和监理人提交分包合同副本。因此，本题的正确答案为 BD。

73.【试题答案】ABCE

【试题解析】本题考查重点是"担保的概念"。担保活动应当遵循平等、自愿、公平、诚实信用的原则。因此，本题的正确答案为 ABCE。

74.【试题答案】BCDE

【试题解析】本题考查重点是"设计施工总承包合同的订立——订立合同时需要明确的内容"。发包人负责永久工程的征地，需要在专用条款中明确工程用地的范围、移交施工现场的时间，以便承包人进行工程设计和设计完成后尽快开始施工。明确从外部接入现场的施工用水、用电、用气等，以及如果发包人同意承包人施工需要临时用地应负责完成的工作内容。因此，本题的正确答案为 BCDE。

75.【试题答案】ACDE

【试题解析】本题考查重点是"简明标准施工招标文件"。《标准设计施工总承包招标文件》共分招标公告（或投标邀请书）、投标人须知、评标办法、合同条款及格式、发包人要求、发包人提供的资料、投标文件格式七章。因此，本题的正确答案为 ACDE。

76.【试题答案】ABCE

【试题解析】本题考查重点是"建设工程合同管理的目标"。依法加强建设工程合同管理，可以保障建筑市场的资金、材料、技术、信息、劳动力的管理，保障建筑市场有序运行。因此，本题的正确答案为 ABCE。

77.【试题答案】ABD

【试题解析】本题考查重点是"设计施工总承包的特点"。总承包方式的优点：①单一的合同责任；②固定工期、固定费用；③可以缩短建设周期；④减少设计变更；⑤减少承包人的索赔。因此，本题的正确答案为 ABD。

78.【试题答案】ABCE

【试题解析】本题考查重点是"施工进度管理"。工程师指示暂停施工的情况。选项 D 是正常的活动，无须暂停施工。因此，本题的正确答案为 ABCE。

79.【试题答案】ABDE

【试题解析】本题考查重点是"合同法律关系的构成"。合同法律关系的客体主要包括物、行为、智力成果。①物。法律意义上的物是指可为人们控制、并具有经济价值的生产资料和消费资料，可以分为动产和不动产、流通物与限制流通物、特定物与种类物等。如建筑材料、建筑设备、建筑物等都可能成为合同法律关系的客体。货币作为一般等价物也是法律意义上的物，可以作为合同法律关系的客体，如借款合同等。②行为。法律意义上的行为是指人的有意识的活动。在合同法律关系中，行为多表现为完成一定的工作，如勘察设计、施工安装等，这些行为都可以成为合同法律关系的客体。行为也可以表现为提供一定的劳务，如绑扎钢筋、土方开挖、抹灰等。③智力成果。智力成果是通过人的智力活动所创造出的精神成果，包括知识产权、技术秘密及在特定情况下的公知技术。如专利权、计算机软件等，都有可能成为合同法律关系的客体。因此，本题的正确答案为 ABDE。

80.【试题答案】ACDE

【试题解析】本题考查重点是"保险合同管理"。索赔的证据包括保单、建设工程合同、事故照片、鉴定报告、保单中规定的证明文件。因此，本题的正确答案为 ACDE。

第四套模拟试卷

一、单项选择题（共 50 题，每题 1 分。每题的备选项中，只有 1 个最符合题意）

1. 材料采购合同的质量验收方法中，根据对产品的性能检验目的，可以进行拉伸、压缩、冲击及硬度试验的是（　　）。
    A. 物理试验法
    B. 化学试验法
    C. 生物试验法
    D. 强化试验法

2. 根据 FIDIC 施工合同条件部分条款的规定，工程师或助手通常采用（　　）向承包商作出指示，但某些特殊情况可以在施工现场发出口头指示，承包商也应遵照执行，并在事后及时补发书面指示。
    A. 要式
    B. 不要式
    C. 书面形式
    D. 口头形式

3. 美国 AIA 合同文本中的 A 系列是指（　　）。
    A. 雇主与施工承包商、CM 承包商、供应商之间的合同，以及总承包商与分包商之间合同的文本
    B. 雇主与建筑师之间合同的文本
    C. 建筑师与专业咨询机构之间合同的文本
    D. 建筑师行业的有关文件

4. 发包人的上级或设计审批部门对设计文件不审批，发包人应按合同规定（　　）。
    A. 结清全部设计费
    B. 支付一半设计费
    C. 停止支付设计费
    D. 预留一定保证金后全部支付设计费

5. 标准施工招标文件中的（　　）包括合同协议书、履约担保、预付款担保三个标准格式文件。
    A. 通用合同条款
    B. 常用合同条款
    C. 专用合同条款
    D. 合同附件格式

6. 产品交付的法律意义是，一般情况下，交付导致采购材料的（　　）发生转移。
    A. 使用权
    B. 销售权
    C. 购买权
    D. 所有权

7. 材料采购合同在履行过程中，供货方提前 1 个月通过铁路运输部门将订购物资运抵项目所在地的车站，且交付数量多于合同约定的尾差（　　）。
    A. 采购方不能拒绝提货，多交货的保管费用应由采购方承担
    B. 采购方不能拒绝提货，多交货的保管费用应由供货方承担
    C. 采购方可以拒绝提货，多交货的保管费用应由采购方承担
    D. 采购方可以拒绝提货，多交货的保管费用应由供货方承担

8. 设计施工阶段的总承包合同规定，（　　）应对施工场地和周围环境进行查勘，核实发

包人提供资料，并收集与完成合同工作有关的当地资料，以便进行设计和组织施工。

    A. 工程师   B. 承包人

    C. 监理人   D. 分包人

9.《标准施工招标文件》的组成（　　　）。

    A. 共包含封面格式和三卷八章的内容

    B. 共包含封面格式和四卷八章的内容

    C. 共包含封面格式和三卷九章的内容

    D. 共包含封面格式和四卷九章的内容

10. FIDIC《施工分包合同条件》的履行管理中，正确的是（　　　）。

    A. 业主派驻施工现场的项目经理对分包人的施工进行监督、管理和协调

    B. 分包商使用的材料、施工工艺、工程质量由承包商进行监督管理

    C. 分包合同的当事人是业主和分包商

    D. 承包商对分包工程的实施负有全面管理责任

11.（　　　）情况下，实施过程中因该错误导致承包人增加了费用和（或）工期延误，发包人应承担由此增加的费用和（或）工期延误，并向承包人支付合理利润。

    A. 监理人复核时发现发包人要求的错误

    B. 监理人复核时未发现发包人要求的错误

    C. 承包人复核时发现发包人要求的错误

    D. 承包人复核时未发现发包人要求的错误

12. 区段工程在通用条款中定义的是能单独接收并使用的（　　　）。

    A. 永久工程   B. 长期工程

    C. 短期工程   D. 一般工程

13. 建设工程材料设备采购合同管理中，（　　　）适用于同城市或同地区内的结算。

    A. 现金结算   B. 转账结算

    C. 托收承付   D. 支票结算

14. 材料采购合同内必须约定产品应达到的质量标准，根据约定质量标准的原则，如果没有国家标准和部颁标准作为依据时，可按（　　　）执行。

    A. 行业标准   B. 地方标准

    C. 企业标准   D. 推荐性标准

15. 工程施工合同文本的条款规定，是基于当事人双方信誉良好、履行合同诚信基础上设定的条款内容，施工过程中发生的有关事项由雇主聘任的项目经理与承包商通过协商确定的（　　　）管理模式。

    A. 一元   B. 二元

    C. 三元   D. 四元

16. 作为建设工程合同的主体，其承包人具有的资质等级不能低于所承包合同要求的资质等级，这是由建设工程合同（　　　）决定的。

    A. 合同主体的严格性   B. 合同标的的特殊性

    C. 合同履行期限的长期性   D. 计划和程序的严格性

17. 依据法律的直接规定而产生代理权的一种代理，称为（　　　）。

A. 直接代理
B. 间接代理
C. 法定代理
D. 指定代理

18. ( )是指 CM 承包商只为雇主对设计和施工阶段的有关问题提供咨询服务，不承担项目的实施风险。
    A. 代理型 CM 合同
    B. 非代理型 CM 合同
    C. 风险型 CM 合同
    D. 稳定型 CM 合同

19. 施工过程中发生变更，而合同中没有适用或类似工程的价格，应( )。
    A. 由监理人提出适当的变更价格，经发包人批准后执行
    B. 由承包人提出适当的变更价格，经监理人确认后执行
    C. 由发包人提出适当的变更价格，经承包人同意后执行
    D. 按照成本加利润原则，由监理人商定

20. 不属于建设工程合同管理目标的是( )。
    A. 发展和完善建筑市场
    B. 普及相关法律知识，培训合同管理人才
    C. 推进建筑领域的改革
    D. 避免和克服建筑领域的经济违法和犯罪

21. 我国标准施工合同依据《中华人民共和国合同法》的规定，以不可抗力发生的( )来划分不可抗力的后果责任。
    A. 时间
    B. 时段
    C. 时点
    D. 地点

22. 当事人双方为了担保债务的履行，约定由当事人一方先行支付给对方一定数额的货币作为担保，属于担保方式中的( )担保。
    A. 定金
    B. 抵押
    C. 留置
    D. 质押

23. 设计施工总承包合同的通用条款包括( )条。
    A. 20
    B. 22
    C. 24
    D. 26

24. 设计施工总承包合同文件的组成中( )是承包人进行工程设计和施工的基础文件，应尽可能清晰准确。
    A. 发包人要求
    B. 合同协议书
    C. 承包人建议书
    D. 通用合同条款

25. 资格预审和资格后审不同时使用，资格后审适用于( )。
    A. 技术难度较大
    B. 投标人数量多
    C. 标准化项目
    D. 公开招标

26. 根据《建设工程设计合同（示范文本）》的规定，下列不属于设计人的违约责任的是( )。
    A. 设计人延误完成设计任务
    B. 因设计人原因要求解除合同
    C. 设计错误
    D. 审批工作的延误

27. 设计施工总承包合同模式下，竣工试验程序分为三阶段，( )当工程能安全运行

时，需要通知监理人，可以进行其他竣工试验。

    A. 第一阶段   B. 第二阶段

    C. 第三阶段   D. 三个阶段都需要

28. 施工合同履行中，发包人另行发包的设备安装工程开始施工，合同中没有规定土建承包人有配合安装的义务。工程师为避免施工的交叉干扰发出暂停部分土建施工指示，导致土建承包人的损失，由（   ）。

    A. 发包人承担，批准顺延工期   B. 承包人承担，工期不可顺延

    C. 承包人承担，可以顺延工期   D. 发包人承担，不批准顺延工期

29. 某施工企业在外地的分公司欲参加某工程的施工投标，其投标书中投标人的名称应为（   ）。

    A. 该施工企业   B. 该外地的分公司

    C. 项目经理部   D. 项目经理

30. 对于联合体的承包人，合同履行过程中发包人和监理人仅与（   ）联系，由其负责组织和协调联合体各成员全面履行合同。

    A. 联合体牵头人或联合体授权的代表   B. 联合体牵头人或联合体的代表

    C. 联合体牵头人   D. 联合体的代表

31. 根据《建设工程设计合同（示范文本）》的规定，下列内容不属于施工图设计阶段的工作任务的是（   ）。

    A. 编制技术设计文件   B. 建筑设计

    C. 专业设计的协调   D. 结构设计

32. 设计施工总承包合同的（   ），指承包人按投标文件中规定的格式和要求填写，并标明价格的报价单。

    A. 合同协议书   B. 专用条款

    C. 价格清单   D. 通用合同条款

33. 某工程设计合同，双方约定设计费为 20 万元，定金为 5 万元。当设计人完成设计工作 70% 时，发包人由于该工程停建要求解除合同，此时发包人应进一步向设计人支付（   ）。

    A. 15 万元   B. 20 万元

    C. 25 万元   D. 10 万元

34. 工程实践中，勘察工作也可以包括在设计施工总承包范围内，则环境保护的具体要求和气象资料由（   ）收集，地形、水文、地质资料由（   ）探明。

    A. 发包人，承包人   B. 发包人，发包人

    C. 承包人，承包人   D. 承包人，发包人

35. 法律关系主体有意识的、能够引起法律关系发生变更和消灭的活动称为（   ）。

    A. 行为   B. 物

    C. 事件   D. 智力成果

36. 主要选项条款中的（   ）适用于拟建工程范围在订立合同时还没有完全界定或预测风险较大的情况，承包商的投标价作为合同的目标成本，当工程费用超支或节省时，雇主与承包商按合同约定的方式分摊。

A. 标价合同   B. 目标合同

C. 补偿合同   D. 管理合同

37. 一般保证的保证人未约定保证期间的，保证期间为主债务履行期届满之日起（   ）个月。

    A. 3   B. 6

    C. 9   D. 12

38. 定金的数额由当事人约定，但不得超过（   ）。

    A. 主合同与从合同标的总额的 20%   B. 主合同标的额的 20%

    C. 主合同与从合同标的总额的 10%   D. 主合同标的额的 10%

39. 在对以往历次已签发的进度付款证书进行汇总和复核中发现错、漏或重复情况时，监理人有权予以修正，承包人也有权提出修正申请。经监理人、承包人复核同意的修正，应在（   ）支付或扣除。

    A. 竣工结算   B. 下一次进度款中

    C. 本次进度付款中   D. 以上都不正确

40. 合同法律关系的内容是指合同约定和法律规定的（   ）。

    A. 行为   B. 智力成果

    C. 技术   D. 权利和义务

41. 当已支付的工程进度款累计金额，扣除后续支付的预付款和已扣留的保留金（我国标准施工合同中的"质量保证金"）两项款额后，达到中标合同价减去暂列金额后的（   ）时，开始从后续的工程进度款支付中回扣工程预付款。

    A. 10%   B. 20%

    C. 30%   D. 40%

42. 下列关于招标流程的相关说法错误的是（   ）。

    A. 招标人需要向建设行政主管部门办理申请招标手续

    B. 必须设定标底

    C. 现场踏勘的费用由投标人自己承担

    D. 对于投标人提问的问题，招标人应以书面形式通知所有购买招标文件的投标人

43. FIDIC 标准合同文本中的（   ），适用于承包商与专业工程施工分包商订立的施工合同。

    A.《施工合同条件》(1999 年版)

    B.《土木工程施工分包合同条件》(1994 年版)

    C.《设计采购施工（EPC）/交钥匙工程合同条件》(1999 年版)

    D.《简明合同格式》(1999 年版)

44. 某材料采购合同中约定了提交数量与订购数量之间的合理磅差，合同履行过程中，供货方交付的材料多于订购数量，且超过了合理磅差界限，当采购方同意接受多付材料时，下列关于货款的说法中，正确的是（   ）。

    A. 按订购数量加多付数量计算货款

    B. 按订购数量支付货款，多交付部分不再追加货款

    C. 按交货数量减去合理磅差时的数量计算货款

D. 按交货数量加上合理磅差时的数量计算货款

45. 承包商按投标文件中承诺的数量和型号的施工机械投入到施工中。监理人发现承包商使用的机械影响了工程进度，要求承包商增加。根据《施工合同示范文本》，承包商对此指示（　　）。

    A. 可以拒绝执行

    B. 应当执行，但可获得费用补偿

    C. 应当执行，但可获得费用和利润的补偿

    D. 应当执行，不能获得补偿

46. 关于代理，下列叙述不正确的一项是（　　）。

    A. 无权代理行为的后果由被代理人决定是否有效

    B. 无权代理在被代理人追认前，行为人可以撤销

    C. 代理人只能在代理权限内实施代理行为

    D. 无权代理的法律后果由被代理人承担

47. 建设领域的各项制度实际上是以（　　）为中心相互推进的，建设工程合同管理的健全完善无疑有助于建筑领域其他各项制度的推进。

    A. 项目法人负责制度   B. 招标投标制度

    C. 工程监理制度   D. 合同制度

48. 在施工招投标中，银行为投标人出具的投标保函属于（　　）。

    A. 留置担保   B. 保证担保

    C. 抵押担保   D. 质押担保

49. 9部委在2012年又颁发了适用于工期在12个月之内的《简明标准施工招标文件》，其中包括（　　）。

    A.《合同条款及格式》   B.《施工合同条件》

    C.《简明合同格式》   D.《简明合同条款》

50. 我国标准施工合同中规定质量保证金在缺陷责任期满后返还给承包人。FIDIC《施工合同条件》规定保留金在工程师颁发工程接收证书和颁发履约证书后分两次返还。颁发工程接收证书后，将保留金的（　　）返还承包商。

    A. 100%   B. 50%

    C. 30%   D. 由工程师决定的

二、多项选择题（共30题，每题2分。每题的备选项中，有2个或2个以上符合题意，至少有1个错项。错选，本题不得分；少选，所选的每个选项得0.5分）

51. 建设工程设计合同（一）[GF—2000—0209]主要条款有（　　）。

    A. 设计依据   B. 发包人应提供的有关资料和文件

    C. 双方的责任   D. 项目投资要求

    E. 委托设计任务的范围和内容

52. 设计施工总承包合同规定，发包人要求文件应说明的内容包括（　　）。

    A. 功能要求   B. 工程范围

    C. 工艺安排或要求   D. 工期要求

E. 技术要求

53. 《担保法》规定的担保方式为（   ）。
    A. 保证
    B. 公证
    C. 抵押
    D. 质押
    E. 定金

54. 下列财产不可以作为抵押物的有（   ）。
    A. 社会团体的教育设施
    B. 医疗卫生设施
    C. 土地所有权
    D. 依法不得抵押的其他财产
    E. 正在建造的建筑物、船舶、航空器

55. 根据《招标投标实施条例》有关规定，资格预审的程序包括（   ）。
    A. 编制资格预审文件
    B. 发布资格预审公告
    C. 发售资格预审文件
    D. 确认通过资格预审的投标人
    E. 资格预审文件的澄清、修改

56. 按照履行时间的不同，建设工程材料设备采购合同可以分为（   ）。
    A. 材料采购合同
    B. 设备采购合同
    C. 即时买卖合同
    D. 非即时买卖合同
    E. 自由买卖合同

57. 设计施工总承包合同的订立中，专用条款内应明确约定由发包人提供的文件的（   ）。
    A. 内容
    B. 格式
    C. 数量
    D. 附表
    E. 期限

58. 工程施工合同定义的"其他方"包括（   ）以外的人员或机构。
    A. 雇主
    B. 项目经理
    C. 裁决人
    D. 承包商的雇员
    E. 材料市场

59. 在《担保法》规定的担保方式中，不能作为抵押的财产包括（   ）。
    A. 土地使用权
    B. 土地所有权
    C. 依法被监管的财产
    D. 社会团体的教育设施
    E. 抵押人所有的交通工具

60. 标准施工合同的组成包括（   ）。
    A. 前附表
    B. 通用条款
    C. 专用条款
    D. 正文
    E. 签订合同时采用的合同附件格式

61. 下列各项中，属于保证合同的内容的有（   ）。
    A. 被保证的主债权种类、数额
    B. 债务人履行债务的期限
    C. 保证的方式
    D. 保证担保的范围
    E. 债权人认为需要约定的其他事项

62. 国际工程总承包合同通常采用（   ）的承包方式，项目建设的预期目标容易实现。

A. 固定工期   B. 固定费用

C. 可以补偿   D. 不补偿

E. 固定地点

63. 必须进行国际招标的机电产品有(   )。

A. 国家规定进行国际招标采购的机电产品

B. 基础设施项目公用事业项目中进行国际招标采购的机电产品

C. 使用国有资金或国家融资资金进行国际招标采购的机电产品

D. 外商投资企业投资总额内进口的机电产品

E. 供生产企业及科研机构研究开发用的样品样机

64. 设计施工总承包合同的订立中，对于发包人要求中错误导致承包人受到损失的后果责任，通用条款给出的选择有(   )。

A. 无条件偿还条款   B. 无条件赔偿条款

C. 有条件赔偿条款   D. 无条件补偿条款

E. 有条件补偿条款

65. 下列情形中，可能导致建筑工程一切险的保险责任期限终止的有(   )。

A. 工程所有人对全部工程签发完工验收证书

B. 承包人撤出施工现场

C. 工程所有人实际占用全部工程

D. 工程保修期满

E. 工程合理使用期满

66. 订购物资或产品的供应方式中的供货方送货可细分为(   )。

A. 将货物负责送到物流公司   B. 将货物负责送到买家

C. 将货物负责送抵现场   D. 委托运输部门代运

E. 委托快递公司代运

67. 在材料采购合同中，交货质量的验收方法有(   )。

A. 经验鉴别法   B. 因果分析法

C. 物理试验法   D. 化学分析法

E. 直方图法

68. 按照9部委联合颁布的"标准施工招标资格预审文件和标准施工招标文件试行规定"要求，各行业编制的标准施工合同应不加修改地引用"通用合同条款"，即(   )的通用条款广泛适用于各类建设工程。

A. 施工合同条件   B. 简明合同格式

C. 标准施工合同   D. 工程施工合同

E. 简明施工合同

69. 下列选项中，关于代理的说法，正确的有(   )。

A. 项目经理是施工企业的代理人

B. 项目总监理工程师是监理单位的代理人

C. 项目总监理工程师是建设单位的代理人

D. 如果授权范围不明确，应由代理人向第三人承担民事责任

E. 如果授权范围不明确，应由被代理人与代理人承担连带责任

70. 卖方应在每一包装箱相邻的四面用不可擦除的油漆和明显的英语字样做出的标记有（　　）。

    A. 收货人   B. 合同号

    C. 发货标记（唛头）收货人编号   D. 目的港

    E. 发货时间

71. 标准施工招标文件的合同条款及格式包括（　　）。

    A. 通用合同条款   B. 常用合同条款

    C. 专用合同条款   D. 通用附件格式

    E. 合同附件格式

72. 建设工程施工招标，不进行资格预审的项目，招标人要发布招标公告。其内容一般包括（　　）。

    A. 招标条件   B. 项目概况与招标范围

    C. 招标人资格要求   D. 招标文件的获取

    E. 投标文件的递交

73. （　　）不仅文本格式与《施工合同条件》相同，而且内容要求相同的条款完全照搬施工合同中的相应条款。

    A. 《生产设备和设计-施工合同条件》

    B. 《简明合同格式》

    C. 《土木工程施工分包合同条件》

    D. 《客户/咨询工程师（单位）服务协议书》

    E. 《设计采购施工（EPC）/交钥匙工程合同条件》

74. 在买方对卖方违约而采取的任何补救措施不受影响的情况下，买方可向卖方发出书面违约通知书，提出终止部分或全部合同包括（　　）。

    A. 如果卖方未能在合同规定的期限内或买方根据合同的约定同意延长的期限内提供部分或全部货物

    B. 如果买方未能在合同规定的期限内或卖方根据合同的约定同意延长的期限内提供部分或全部货物

    C. 如果卖方未能履行合同规定的其他任何义务

    D. 如果买方未能履行合同规定的其他任何义务

    E. 如果买方认为卖方在本合同的竞争和实施过程中有腐败和欺诈行为

75. 建设工程合同管理的目标包括（　　）。

    A. 提高工程建设的管理水平   B. 发展和完善建筑市场

    C. 培训合同管理人才   D. 避免和克服建筑领域的经济违法和犯罪

    E. 推进建筑领域的改革

76. 因发包人原因造成监理人未能在合同签订之日起 90 天内发出开始工作通知，承包人有权（　　）。

    A. 提出赔偿要求   B. 提出价格调整要求

    C. 提出延长工期要求   D. 解除合同

E. 终止合同

77. 指定代理或法定代理可因( )而终止。

    A. 监护关系消灭　　　　　　　　　　　B. 被代理人或代理人死亡

    C. 被代理人取得或者恢复民事行为能力　D. 作为被代理人或者代理人的法人终止

    E. 指定代理的人民法院或指定单位撤销指定

78. 工程项目建设过程中，发包人要求承包人提供的担保通常有( )。

    A. 施工投标保证　　　　　　　　　　　B. 施工合同的履约保证

    C. 施工合同支付保证　　　　　　　　　D. 施工预付款担保

    E. 施工合同工程垫支保证

79. 邀请招标的优点表现为( )。

    A. 节约招标费用和节省时间

    B. 投标竞争和激烈程度相对较差

    C. 减少了合同履行过程中承包方违约的风险

    D. 有利于将工程项目的建设交予可靠的中标人实施并取得有竞争性的报价

    E. 评标程序简单

80. 按照《招标投标法》的要求，招标人如果自行办理招标事宜，应具备的条件包括( )。

    A. 有编制招标文件的能力

    B. 已发布招标公告

    C. 有 3 名以上取得招标职业资格的专职业务人员

    D. 有组织评标的能力

    E. 已委托公证机关公证

第四套模拟试卷参考答案、考点分析

一、单项选择题

1.【试题答案】A

【试题解析】本题考查重点是"交货检验"。质量验收的方法可以采用：①经验鉴别法，即通过目测、手触或以常用的检测工具量测后，判定质量是否符合要求；②物理试验法，根据对产品的性能检验目的，可以进行拉伸试验、压缩试验、冲击试验、金相试验及硬度试验等；③化学分析法，即抽出一部分样品进行定性分析或定量分析的化学试验，以确定其内在质量。因此，本题的正确答案为A。

2.【试题答案】C

【试题解析】本题考查重点是"FIDIC施工合同条件部分条款"。工程师或助手通常采用书面形式向承包商作出指示，但某些特殊情况可以在施工现场发出口头指示，承包商也应遵照执行，并在事后及时补发书面指示。因此，本题的正确答案为C。

3.【试题答案】A

【试题解析】本题考查重点是"美国AIA合同文本"。美国AIA合同文本包括：①A系列：雇主与施工承包商、CM承包商、供应商之间的合同，以及总承包商与分包商之间合同的文本；②B系列：雇主与建筑师之间的合同的文本；③C系列：建筑师与专业咨询机构之间合同的文本；④D系列：建筑师行业的有关文件；⑤E系列：合同和办公管理中使用的文件。因此，本题的正确答案为A。

4.【试题答案】A

【试题解析】本题考查重点是"设计合同履行管理"。发包人的上级或设计审批部门对设计文件不审批或合同项目停缓建，均视为发包人应承担的风险。设计人提交合同约定的设计文件和相关资料后，按照设计人已完成全部设计任务对待，发包人应按合同规定结清全部设计费。因此，本题的正确答案为A。

5.【试题答案】D

【试题解析】本题考查重点是"标准施工招标文件"。合同附件格式，包括合同协议书、履约担保、预付款担保三个标准格式文件。因此，本题的正确答案为D。

6.【试题答案】D

【试题解析】本题考查重点是"订购产品的交付"。产品交付的法律意义是，一般情况下，交付导致采购材料的所有权发生转移。因此，本题的正确答案为D。

7.【试题答案】D

【试题解析】本题考查重点是"违约责任"。对于供货方提前发运或交付的货物，采购方有权拒绝提前提货，也可以接通知时间提货后仍按合同规定的交货时间付款。对于多交货部分，以及品种、型号、规格、质量等不符合合同规定的产品，在代为保管期内实际支出的保管、保养等费用由供货方承担。因此，本题的正确答案为D。

8.【试题答案】B

【试题解析】本题考查重点是"承包人现场查勘"。承包人应对施工场地和周围环境进行查勘，核实发包人提供资料，并收集与完成合同工作有关的当地资料，以便进行设计和组织施工。因此，本题的正确答案为B。

9. 【试题答案】B

【试题解析】本题考查重点是"标准施工招标文件"。《标准施工招标文件》共包含封面格式和四卷八章的内容，第一卷包括第一章至第五章，涉及招标公告（投标邀请书）、投标人须知、评标办法、合同条款及格式、工程量清单；第二卷由第六章图纸组成；第三卷由第七章技术标准和要求组成；第四卷由第八章投标文件格式组成。因此，本题的正确答案为B。

10. 【试题答案】D

【试题解析】本题考查重点是"施工分包合同概述"。承包人派驻施工现场的项目经理对分包人的施工进行监督、管理和协调，承担如同主合同履行过程中监理人的职责，包括审查分包工程进度计划、分包人的质量保证体系、对分包人的施工工艺和工程质量进行监督等，所以选项A错误；监理人接受发包人委托，仅对发包人与第三者订立合同的履行负责监督、协调和管理，因此对分包人在现场的施工不承担协调管理义务。然而分包工程仍属于施工总承包合同的一部分，仍需履行监督义务，包括对分包人的资质进行审查；对分包人用的材料、施工工艺、工程质量进行监督；确认完成的工程量等，所以选项B错误；发包人不是分包合同的当事人，对分包合同权利义务如何约定也不参与意见，与分包人没有任何合同关系。但作为工程项目的投资方和施工合同的当事人，他对分包合同的管理主要表现为对分包工程的批准。接受承包人投标书内说明的某工程部分准备分包，即同意此部分工程由分包人完成。如果承包人在施工过程中欲将某部分的施工任务分包，仍需经过发包人的同意，所以选项C错误；承包人作为两个合同的当事人，不仅对发包人承担整个合同工程按预期目标实现的义务，而且对分包工程的实施负有全面管理责任。因此，本题的正确答案为D。

11. 【试题答案】D

【试题解析】本题考查重点是"设计施工总承包合同的订立——订立合同时需要明确的内容"。承包人复核时未发现发包人要求的错误，实施过程中因该错误导致承包人增加了费用和（或）工期延误，发包人应承担由此增加的费用和（或）工期延误，并向承包人支付合理利润。因此，本题的正确答案为D。

12. 【试题答案】A

【试题解析】本题考查重点是"设计施工总承包合同的订立——订立合同时需要明确的内容"。区段工程在通用条款中定义的是能单独接收并使用的永久工程。如果发包人希望在整体工程竣工前提前发挥部分区段工程的效益，应在专用条款内约定分部移交区段的名称、区段工程应达到的要求等。因此，本题的正确答案为A。

13. 【试题答案】B

【试题解析】本题考查重点是"支付结算管理"。建设工程材料设备采购合同管理，结算方式可以是现金支付、转账结算或异地托收承付。现金结算只适用于成交货物数量少，且金额小的购销合同；转账结算适用于同城市或同地区内的结算；托收承付适用于合同双方不在同一城市的结算。因此，本题的正确答案为B。

14. 【试题答案】C

【试题解析】本题考查重点是"交货检验"。材料采购合同中的产品质量应满足规定用途的特性指标,因此合同内必须约定产品应达到的质量标准。约定质量标准的一般原则是:①按颁布的国家标准执行;②无国家标准而有部颁标准的产品,按部颁标准执行;③没有国家标准和部颁标准作为依据时,可按企业标准执行;④没有上述标准,或虽有上述某一标准但采购方有特殊要求时,按双方在合同中商定的技术条件、样品或补充的技术要求执行。因此,本题的正确答案为C。

15.【试题答案】B

【试题解析】本题考查重点是"英国 NEC 合同文本"。工程施工合同文本的条款规定,是基于当事人双方信誉良好、履行合同诚信基础上设定的条款内容,施工过程中发生的有关事项由雇主聘任的项目经理与承包商通过协商确定的二元管理模式。因此,本题的正确答案为B。

16.【试题答案】A

【试题解析】本题考查重点是"建设工程合同的特征"。承包人则必须具备法人资格,而且应当具备相应的从事勘察设计、施工、监理等资质。无营业执照或无承包资质的单位不能作为建设工程合同的主体,资质等级低的单位不能越级承包建设工程。因此,本题的正确答案为A。

17.【试题答案】C

【试题解析】本题考查重点是"代理关系"。法定代理是指根据法律的直接规定而产生的代理。法定代理主要是为维护无行为能力或限制行为能力人的利益而设立的代理方式。因此,本题的正确答案为C。

18.【试题答案】A

【试题解析】本题考查重点是"美国 AIA 合同文本"。代理型 CM 合同,CM 承包商只为雇主对设计和施工阶段的有关问题提供咨询服务,不承担项目的实施风险。因此,本题的正确答案为A。

19.【试题答案】D

【试题解析】本题考查重点是"变更管理"。变更的估价原则:①已标价工程量清单中有适用于变更工作的子目,采用该子目的单价计算变更费用;②已标价工程量清单中无适用于变更工作的子目,但有类似子目,可在合理范围内参照类似子目的单价,由监理人商定或确定变更工作的单价;③已标价工程量清单中无适用或类似子目的单价,可按照成本加利润的原则,由监理人商定或确定变更工作的单价。因此,本题的正确答案为D。

20.【试题答案】B

【试题解析】本题考查重点是"建设工程合同管理的目标"。建设工程合同管理的目标:①发展和完善建筑市场;②推进建筑领域的改革;③提高工程建设的管理水平;④避免和克服建筑领域的经济违法和犯罪。因此,本题的正确答案为B。

21.【试题答案】C

【试题解析】本题考查重点是"FIDIC 施工合同条件部分条款"。我国标准施工合同依据《中华人民共和国合同法》的规定,以不可抗力发生的时点来划分不可抗力的后果责任,即以施工现场人员和财产的归属,发包人和承包人各自承担本方的损失,延误的工期相应顺延。因此,本题的正确答案为C。

22.【试题答案】A

【试题解析】本题考查重点是"担保方式——定金"。定金，是指当事人双方为了担保债务的履行，约定由当事人一方先行支付给对方一定数额的货币作为担保。定金的数额由当事人约定，但不得超过主合同标的额的20％。因此，本题的正确答案为A。

23.【试题答案】C

【试题解析】本题考查重点是"标准设计施工总承包合同"。设计施工总承包合同的通用条款包括24条。因此，本题的正确答案为C。

24.【试题答案】A

【试题解析】本题考查重点是"设计施工总承包合同的订立——合同文件"。发包人要求是承包人进行工程设计和施工的基础文件，应尽可能清晰准确。因此，本题的正确答案为A。

25.【试题答案】C

【试题解析】本题考查重点是"标准资格预审文件的组成"。资格预审和资格后审不同时使用，二者审查的时间是不同的，审查的内容是一致的。一般情况下，资格预审比较适合于具有单件性特点，且技术难度较大或投标文件编制费用较高，或潜在投标人数量较多的招标项目；资格后审适合于潜在投标人数量不多的通用性、标准化项目。通常情况下，资格预审多用于公开招标，资格后审多用于邀请招标。因此，本题的正确答案为C。

26.【试题答案】D

【试题解析】本题考查重点是"设计合同履行管理"。设计人的违约责任包括：①设计错误；②设计人延误完成设计任务；③因设计人原因要求解除合同。因此，本题的正确答案为D。

27.【试题答案】C

【试题解析】本题考查重点是"竣工验收管理"。通用条款规定的竣工试验程序按三阶段进行，第三阶段，当工程能安全运行时，承包人应通知监理人，可以进行其他竣工试验，包括各种性能测试，以证明工程符合发包人要求中列明的性能保证指标。因此，本题的正确答案为C。

28.【试题答案】A

【试题解析】本题考查重点是"施工进度管理"。通用条款规定，承包人责任引起的暂停施工，增加的费用和工期由承包人承担；发包人暂停施工的责任，承包人有权要求发包人延长工期和（或）增加费用，并支付合理利润。因此，本题的正确答案为A。

29.【试题答案】A

【试题解析】本题考查重点是"合同法律关系的构成"。合同法人应当具备以下条件：①依法成立；②有必要的财产或者经费；③有自己的名称、组织机构和场所；④能够独立承担民事责任。本题中，投标书即为合同，投标书即为合同法律关系的主体——法人，所以四个选项中，只有选项A具备法人的资格。因此，本题的正确答案为A。

30.【试题答案】A

【试题解析】本题考查重点是"设计施工总承包合同管理有关各方的职责"。对于联合体的承包人，合同履行过程中发包人和监理人仅与联合体牵头人或联合体授权的代表联系，由其负责组织和协调联合体各成员全面履行合同。因此，本题的正确答案为A。

31. 【试题答案】A

【试题解析】本题考查重点是"设计合同履行管理"。技术设计：①提出技术设计计划；②编制技术设计文件；③参加初步审查，并做必要修正。施工图设计：①建筑设计；②结构设计；③设备设计；④专业设计的协调；⑤编制施工图设计文件。因此，本题的正确答案为A。

32. 【试题答案】C

【试题解析】本题考查重点是"设计施工总承包合同的订立——合同文件"。设计施工总承包合同的价格清单，指承包人按投标文件中规定的格式和要求填写，并标明价格的报价单。因此，本题的正确答案为C。

33. 【试题答案】A

【试题解析】本题考查重点是"设计合同履行管理"。在合同履行期间，发包人要求终止或解除合同，设计人未开始设计工作的，不退还发包人已付的定金；已开始设计工作的，发包人应根据设计人已进行的实际工作量，不足一半时，按该阶段设计费的一半支付；超过一半时，按该阶段设计费的全部支付。因此，本题中，发包人总共应向设计人支付20万元。又因为发包人已经支付了5万元的定金，所以应进一步支付：20－5＝15万元。因此，本题的正确答案为A。

34. 【试题答案】C

【试题解析】本题考查重点是"设计施工总承包合同的订立——订立合同时需要明确的内容"。工程实践中，勘察工作也可以包括在设计施工总承包范围内，则环境保护的具体要求和气象资料由承包人收集，地形、水文、地质资料由承包人探明。因此专用条款内需要明确约定发包人提供义件的范围和内容。因此，本题的正确答案为C。

35. 【试题答案】A

【试题解析】本题考查重点是"合同法律关系的产生、变更与消灭"。行为是指法律关系主体有意识的活动，能够引起法律关系发生变更和消灭的行为，包括作为和不作为两种表现形式。因此，本题的正确答案为A。

36. 【试题答案】B

【试题解析】本题考查重点是"英国NEC合同文本"。主要选项条款中的标价合同适用于签订合同时价格已经确定的合同，选项A适用于固定价格承包，选项B适用于采用综合单价计量承包；目标合同（选项C、选项D）适用于拟建工程范围在订立合同时还没有完全界定或预测风险较大的情况，承包商的投标价作为合同的目标成本，当工程费用超支或节省时，雇主与承包商按合同约定的方式分摊；成本补偿合同（选项E）适用于工程范围的界定尚不明确，甚至以目标合同为基础也不够充分，而且又要求尽早动工的情况，工程成本部分实报实销，按合同约定的工程成本一定百分比作为承包商的收入；管理合同（选项F）适用于施工管理承包，管理承包商与雇主签订管理承包合同，他不直接承担施工任务，以管理费用和估算的分包合同总价报价。因此，本题的正确答案为B。

37. 【试题答案】B

【试题解析】本题考查重点是"担保方式——保证"。一般保证的保证人未约定保证期间的，保证期间为主债务履行期届满之日起6个月。因此，本题的正确答案为B。

38. 【试题答案】B

【试题解析】本题考查重点是"担保方法——定金"。定金的数额由当事人约定，但不得超过主合同标的额的 20%。因此，本题的正确答案为 B。

39. 【试题答案】C

【试题解析】本题考查重点是"工程款支付管理"。在对以往历次已签发的进度付款证书进行汇总和复核中发现错、漏或重复情况时，监理人有权予以修正，承包人也有权提出修正申请。经监理人、承包人复核同意的修正，应在本次进度付款中支付或扣除。因此，本题的正确答案为 C。

40. 【试题答案】D

【试题解析】本题考查重点是"合同法律关系的构成"。合同法律关系的内容是指合同约定和法律规定的权利和义务。合同法律关系的内容是合同的具体要求，决定了合同法律关系的性质，它是连接主体的纽带。因此，本题的正确答案为 D。

41. 【试题答案】A

【试题解析】本题考查重点是"FIDIC 施工合同条件部分条款"。当已支付的工程进度款累计金额，扣除后续支付的预付款和已扣留的保留金（我国标准施工合同中的"质量保证金"）两项款额后，达到中标合同价减去暂列金额后的 10% 时，开始从后续的工程进度款支付中回扣工程预付款。因此，本题的正确答案为 A。

42. 【试题答案】B

【试题解析】本题考查重点是"施工招标程序"。我国国内大部分工程在招标评标时，均以标底上下的一个幅度作为判断投标报价是否合理的条件。招标人根据招标项目的技术、经济特点和需要可以自主决定是否编制标底。因此，本题的正确答案为 B。

43. 【试题答案】B

【试题解析】本题考查重点是"FIDIC 合同文本简介"。《土木工程施工分包合同条件》（1994 年版），适用于承包商与专业工程施工分包商订立的施工合同。因此，本题的正确答案为 B。

44. 【试题答案】A

【试题解析】本题考查重点是"交货检验"。交付货物的数量在合理的尾差和磅差内，不按多交或少交对待，双方互不退补。超过界限范围时，按合同约定的方法计算多交或少交部分的数量。合同内对磅差和尾差规定出合理的界限范围，既可以划清责任，还可为供货方合理组织发运提供灵活的变通条件。如果超过合理范围，则按实际交货数量计算。不足部分由供货方补齐或退回不足部分的货款；采购方同意接受的多交付部分，进一步支付溢出数量货物的货款。但在计算多交或少交数量时，应按订购数量与实际交货数量比较，均不再考虑合理磅差和尾差因素。因此，本题的正确答案为 A。

45. 【试题答案】D

【试题解析】本题考查重点是"施工质量管理"。承包人使用的施工设备不能满足合同进度计划或质量要求时，监理人有权要求承包人增加或更换施工设备，增加的费用和工期延误由承包人承担。因此，本题的正确答案为 D。

46. 【试题答案】D

【试题解析】本题考查重点是"无权代理"。《民法通则》规定，无权代理行为只有经过"被代理人"的追认，被代理人才承担民事责任。未经追认的行为，由行为人承担民事责任，但"本人知道他人以自己的名义实施民事行为而不作否认表示的，视为同意"。因此，本题的正确答案为 D。

47. 【试题答案】D

【试题解析】本题考查重点是"建设工程合同管理的目标"。建设领域的各项制度实际上是以合同制度为中心相互推进的，建设工程合同管理的健全完善无疑有助于建筑领域其他各项制度的推进。因此，本题的正确答案为 D。

48. 【试题答案】B

【试题解析】本题考查重点是"保证在建筑工程中的应用"。在工程建设的过程中，保证是最为常用的一种担保方式。保证这种担保方式必须由第三人作为保证人，由于对保证人的信誉要求比较高，工程建设中的保证人往往是银行，也可能是信用较高的其他担保人，如担保公司。这种保证应当采用书面形式。因此，本题的正确答案为 B。

49. 【试题答案】A

【试题解析】本题考查重点是"施工合同标准文本"。9 部委在 2012 年又颁发了适用于工期在 12 个月之内的《简明标准施工招标文件》，其中包括《合同条款及格式》。因此，本题的正确答案为 A。

50. 【试题答案】B

【试题解析】本题考查重点是"FIDIC 施工合同条件部分条款"。我国标准施工合同中规定质量保证金在缺陷责任期满后返还给承包人。FIDIC《施工合同条件》规定保留金在工程师颁发工程接收证书和颁发履约证书后分两次返还。颁发工程接收证书后，将保留金的 50% 返还承包商。若为其颁发的是按合同约定的分部移交工程接收证书，则返还按分部工程价值比例计算保留金的 40%。因此，本题的正确答案为 B。

二、多项选择题

51. 【试题答案】BCE

【试题解析】本题考查重点是"建设工程勘察设计合同示范文本"。建设工程设计合同（一）[GF—2000—0209]示范文本适用于民用建设工程设计的合同，主要条款包括：①订立合同的依据文件；②委托设计任务的范围和内容；③发包人应提供的有关资料和文件；④设计人应交付的资料和文件；⑤设计费的支付；⑥双方的责任；⑦违约责任；⑧其他。因此，本题的正确答案为 BCE。

52. 【试题答案】ABCE

【试题解析】本题考查重点是"设计施工总承包合同的订立——合同文件"。设计施工总承包合同规定，发包人要求文件应说明 11 个方面的内容：功能要求；工程范围；工艺安排或要求；时间要求；技术要求；竣工试验；竣工验收；竣工后试验；文件要求；工程项目管理规定；其他要求。因此，本题的正确答案为 ABCE。

53. 【试题答案】ACDE

【试题解析】本题考查重点是"担保方式"。我国《担保法》规定的担保方式为保证、抵押、质押、留置和定金。因此，本题的正确答案为 ACDE。

54. 【试题答案】ABCD

【试题解析】本题考查重点是"担保方式"。下列财产可以作为抵押物：①建筑物和其他土地附着物；②建设用地使用权；③以招标、拍卖、公开协商等方式取得的荒地等土地承包经营权；④生产设备、原材料、半成品、产品；⑤正在建造的建筑物、船舶、航空器；⑥交通运输工具；⑦法律、行政法规未禁止抵押的其他财产。以建筑物抵押的，该建筑物占用范围内的建设用地使用权一并抵押。以建设用地使用权抵押的，该土地上的建筑物一并抵押。但下列财产不得抵押：①土地所有权；②耕地、宅基地、自留地、自留山等集体所有的土地使用权，但法律规定可以抵押的除外；③学校、幼儿园、医院等以公益为目的的事业单位、社会团体的教育设施、医疗卫生设施和其他社会公益设施；④所有权、使用权不明或者有争议的财产；⑤依法被查封、扣押、监管的财产；⑥依法不得抵押的其他财产。因此，本题的正确答案为 ABCD。

55.【试题答案】ABCE

【试题解析】本题考查重点是"施工招标程序"。根据《招标投标实施条例》有关规定，资格预审一般按以下程序进行：①编制资格预审文件；②发布资格预审公告；③发售资格预审文件；④资格预审文件的澄清、修改；⑤组建资格审查委员会；⑥潜在投标人递交资格预审申请文件；⑦资格预审审查报告；⑧确认通过资格预审的申请人。因此，本题的正确答案为 ABCE。

56.【试题答案】CD

【试题解析】本题考查重点是"建设工程材料设备采购合同的分类"。按照履行时间的不同，建设工程材料设备采购合同可以分为即时买卖合同和非即时买卖合同。因此，本题的正确答案为 CD。

57.【试题答案】ACE

【试题解析】本题考查重点是"设计施工总承包合同的订立——订立合同时需要明确的内容"。专用条款内应明确约定由发包人提供的文件的内容、数量和期限。因此，本题的正确答案为 ACE。

58.【试题答案】ABCD

【试题解析】本题考查重点是"英国 NEC 合同文本"。鉴于参与工程项目的有关方较多，影响施工正常进行的影响因素来源于各个方面，因此建立伙伴关系的有关各方不仅指施工合同的双方当事人和参与实施管理的有关各方，还可能包括合同定义的"其他方"。其他方指不直接参与本合同的人员和机构，包括雇主、项目经理、工程师、裁决人、承包商以及承包商的雇员、分包商或供应商以外的人员或机构。因此，本题的正确答案为 ABCD。

59.【试题答案】BCD

【试题解析】本题考查重点是"担保方式"。下列财产可以作为抵押物：①建筑物和其他土地附着物；②建设用地使用权；③以招标、拍卖、公开协商等方式取得的荒地等土地承包经营权；④生产设备、原材料、半成品、产品；⑤正在建造的建筑物、船舶、航空器；⑥交通运输工具；⑦法律、行政法规未禁止抵押的其他财产。以建筑物抵押的，该建筑物占用范围内的建设用地使用权一并抵押。以建设用地使用权抵押的，该土地上的建筑物一并抵押。但下列财产不得抵押：①土地所有权；②耕地、宅基地、自留地、自留山等集体所有的土地使用权，但法律规定可以抵押的除外；③学校、幼儿园、医院等以公益为目的的事业单位、社会团体的教育设施、医疗卫生设施和其他社会公益设施；④所有权、使用权不明或者有争议的财产；⑤依法被查封、扣押、监管的财产；⑥依法不得抵押的其他财产。因此，本题的正确答案为 BCD。

60.【试题答案】BCE

【试题解析】本题考查重点是"施工合同标准文本"。标准施工合同提供了通用条款、专用条款和签订合同时采用的合同附件格式。因此，本题的正确答案为 BCE。

61.【试题答案】ABCD

【试题解析】本题考查重点是"担保方式"。保证合同应包括以下内容：①被保证的主债权种类、数额；②债务人履行债务的期限；③保证的方式；④保证担保的范围；⑤保证的期间；⑥双方认为需要约定的其他事项。因此，本题的正确答案为 ABCD。

62.【试题答案】AB

【试题解析】本题考查重点是"设计施工总承包的特点"。国际工程总承包合同通常采用固定工期、固定费用的承包方式，项目建设的预期目标容易实现。因此，本题的正确答案为 AB。

63.【试题答案】ABC

【试题解析】本题考查重点是"大型工程设备的采购招标——招标范围"。必须进行国际招标的机电产品范围：①国家规定进行国际招标采购的机电产品；②基础设施项目公用事业项目中进行国际招标采购的机电产品；③使用国有资金或国家融资资金进行国际招标采购的机电产品；④使用国际组织或者外国政府贷款、援助资金（以下简称国外贷款）进行国际招标采购的机电产品；⑤政府采购项下规定进行国际招标采购的机电产品；⑥其他需要进行国际招标采购的机电产品。因此，本题的正确答案为 ABC。

64.【试题答案】DE

【试题解析】本题考查重点是"设计施工总承包合同的订立——订立合同时需要明确的内容"。对于发包人要求中错误导致承包人受到损失的后果责任，通用条款给出了两种供选择的条款。①无条件补偿条款；②有条件补偿条款。因此，本题的正确答案为 DE。

65.【试题答案】AC

【试题解析】本题考查重点是"工程建设涉及的主要险种"。建筑工程一切险的保险责任自保险工程在工地动工或用于保险工程的材料、设备运抵工地之时起始，至工程所有人对部分或全部工程签发完工验收证书或验收合格，或工程所有人实际占用或使用或接受该部分或全部工程之时终止，以先发生者为准。因此，本题的正确答案为 AC。

66.【试题答案】CD

【试题解析】本题考查重点是"订购产品的交付"。订购物资或产品的供应方式，可以分为采购方到合同约定地点自提货物和供货方负责将货物送达指定地点两大类，而供货方送货又可细分为将货物负责送抵现场或委托运输部门代运两种形式。因此，本题的正确答案为 CD。

67.【试题答案】ACD

【试题解析】本题考查重点是"交货检验"。在材料采购合同中，质量验收的方法可以采用：①经验鉴别法。即通过目测、手触或以常用的检测工具量测后，判定质量是否符合要求；②物理试验法。根据对产品的性能检验目的，可以进行拉伸试验、压缩试验、冲击试验、金相试验及硬度试验等；③化学分析法。即抽出一部分样品进行定性分析或定量分析的化学试验，以确定其内在质量。因此，本题的正确答案为ACD。

68.【试题答案】CE

【试题解析】本题考查重点是"施工合同标准文本"。按照9部委联合颁布的"标准施工招标资格预审文件和标准施工招标文件试行规定"（发改委第56号令）要求，各行业编制的标准施工合同应不加修改地引用"通用合同条款"，即标准施工合同和简明施工合同的通用条款广泛适用于各类建设工程。因此，本题的正确答案为CE。

69.【试题答案】ABE

【试题解析】本题考查重点是"代理关系"。项目经理、总监理工程师作为施工企业、监理单位的代理人，应当在授权范围内行使代理权，超出授权范围的行为则应当由行为人自己承担，所以选项A、B正确，选项C错误；如果授权范围不明确，则应当由被代理人（单位）向第三人承担民事责任，代理人负连带责任，但是代理人的连带责任是在被代理人无法承担责任的基础上承担的，所以选项D错误，选项E正确。因此，本题的正确答案为ABE。

70.【试题答案】ABCD

【试题解析】本题考查重点是"设备采购合同的交付"。卖方应在每一包装箱相邻的四面用不可擦除的油漆和明显的英语字样做出以下标记：①收货人；②合同号；③发货标记（唛头）收货人编号；④目的港；⑤货物名称、品目号和箱号；⑥毛重/净重（用kg表示）；⑦尺寸（长×宽×高用cm表示）。因此，本题的正确答案为ABCD。

71.【试题答案】ACE

【试题解析】本题考查重点是"标准施工招标文件"。合同条款及格式包括通用合同条款、专用合同条款和合同附件格式三部分。因此，本题的正确答案为ACE。

72.【试题答案】ABDE

【试题解析】本题考查重点是"施工招标程序"。不进行资格预审的项目，招标人要发布招标公告。内容一般包括：招标条件；项目概况与招标范围；投标人资格要求；招标文件的获取；投标文件的递交；联系方式等。因此，本题的正确答案为ABDE。

73.【试题答案】AE

【试题解析】本题考查重点是"FIDIC合同文本简介"。《施工合同条件》是FIDIC编制其他合同文本的基础，《生产设备和设计-施工合同条件》和《设计采购施工（EPC）/交钥匙工程合同条件》不仅文本格式与《施工合同条件》相同，而且内容要求相同的条款完全照搬施工合同中的相应条款。因此，本题的正确答案为AE。

74.【试题答案】ACE

【试题解析】本题考查重点是"违约责任"。在买方对卖方违约而采取的任何补救措施不受影响的情况下，买方可向卖方发出书面违约通知书，提出终止部分或全部合同：①如果卖方未能在合同规定的期限内或买方根据合同的约定同意延长的期限内提供部分或全部货物；②如果卖方未能履行合同规定的其他任何义务；③如果买方认为卖方在本合同的竞争和实施过程中有腐败和欺诈行为。因此，本题的正确答案为ACE。

75.【试题答案】ABDE

【试题解析】本题考查重点是"建设工程合同管理的目标"。建设工程合同管理的目标：①发展和完善建筑市场；②推进建筑领域的改革；③提高工程建设的管理水平；④避免和克服建筑领域的经济违法和犯罪。因此，本题的正确答案为 ABDE。

76.【试题答案】BD

【试题解析】本题考查重点是"开始工作"。因发包人原因造成监理人未能在合同签订之日起 90 天内发出开始工作通知，承包人有权提出价格调整要求，或者解除合同。因此，本题的正确答案为 BD。

77.【试题答案】ABCE

【试题解析】本题考查重点是"代理关系"。指定代理或法定代理可因下列原因终止：①被代理人取得或者恢复民事行为能力；②被代理人或代理人死亡；③指定代理的人民法院或指定单位撤销指定；④监护关系消灭。因此，本题的正确答案为 ABCE。

78.【试题答案】ABD

【试题解析】本题考查重点是"保证在建设工程中的应用"。在工程建设的过程中，保证是最为常用的一种担保方式。保证这种担保方式必须由第三人作为保证人，由于对保证人的信誉要求比较高，工程建设中的保证人往往是银行，也可能是信用较高的其他担保人，如担保公司。这种保证应当采用书面形式。①施工投标保证；②施工合同的履约保证；③施工预付款担保。因此，本题的正确答案为 ABD。

79.【试题答案】AC

【试题解析】本题考查重点是"施工招标概述"。邀请招标的优点是，不需要发布招标公告和设置资格预审程序，节约费用和节省时间；由于对投标人以往的业绩和履约能力比较了解，减少了合同履行过程中承包方违约的风险。因此，本题的正确答案为 AC。

80.【试题答案】ACD

【试题解析】本题考查重点是"施工招标程序"。招标人自行办理招标事宜，应当具有编制招标文件和组织评标的能力，具体包括：具有项目法人资格（或者法人资格），具有与招标项目规模和复杂程度相适应的工程技术、概预算、财务和工程管理等方面专业技术力量；有从事同类工程建设项目招标的经验；拥有 3 名以上取得招标职业资格的专职业务人员；熟悉和掌握招标投标法及有关法规规章。因此，本题的正确答案为 ACD。

第五套模拟试卷

一、单项选择题（共 50 题，每题 1 分。每题的备选项中，只有 1 个最符合题意）

1. 根据《建设工程设计合同（示范文本）》规定，关于设计成果的说法，错误的是（　　）。

  A. 设计概算不得超过合同约定的设计限额

  B. 设计文件中不得采用未经有资质检测机构试验论证的新材料

  C. 设计标准不得低于国家或行业规定的强制性标准

  D. 设计标准不得高于国家或行业规定的强制性标准

2. 材料采购合同履行过程中，检验水泥含碱量的质量检验方法是（　　）。

  A. 化学分析法   B. 理论换算法

  C. 物理试验法   D. 经验鉴别法

3. 发包人将工程建设的勘察、设计、施工等任务发包给一个承包人的合同，即为（　　）。

  A. 建设工程设计施工总承包合同 B. 施工承包合同

  C. 施工分包合同   D. 建设工程施工合同

4. FIDIC 标准合同文本中的（　　），适用于雇主委托工程咨询单位进行项目的前期投资研究、可行性研究、工程设计、招标评标、合同管理和投产准备等的咨询服务合同。

  A.《客户/咨询工程师（单位）服务协议书》（1998 年版）

  B.《土木工程施工分包合同条件》（1994 年版）

  C.《设计采购施工（EPC）/交钥匙工程合同条件》（1999 年版）

  D.《简明合同格式》（1999 年版）

5. FIDIC 标准合同文本中的（　　），适用于投资金额相对较小、工期短、不需进行专业分包，相对简单或重复性的工程项目施工。

  A.《施工合同条件》（1999 年版）

  B.《生产设备和设计-施工合同条件》（1999 年版）

  C.《设计采购施工（EPC）/交钥匙工程合同条件》（1999 年版）

  D.《简明合同格式》（1999 年版）

6. 指定分包商是指由（　　）选定与承包商签订合同的分包商，完成招标文件中规定承包商承包范围以外工程施工或工作的分包人。

  A. 雇主   B. 工程师

  C. 雇主或工程师   D. 雇主或监理人

7. （　　）是对施工合同主要共性条款的规定。

  A. 核心条款   B. 主要选项条款

  C. 次要选项条款   D. 基础条款

8. 下列（　　）不属于建设工程合同管理的目标。

A. 发展和完善建筑市场

B. 推进建筑领域的改革

C. 提高工程的质量

D. 避免和克服建筑领域的经济违法和犯罪

9. 主要选项条款中的（　　）适用于工程范围的界定尚不明确，甚至以目标合同为基础也不够充分，而且又要求尽早动工的情况，工程成本部分实报实销，按合同约定的工程成本一定百分比作为承包商的收入。

　　A. 标价合同　　　　　　　　　　B. 目标合同

　　C. 补偿合同　　　　　　　　　　D. 管理合同

10. 标准施工招标文件中的（　　）包括一般约定、发包人义务、监理人、承包人、材料和工程设备、施工设备和临时设施、交通运输、测量放线、施工安全、治安保卫和环境保护、进度计划、开工和竣工、暂停施工、工程质量、试验与检验、变更、价格调整、计量与支付、竣工验收、缺陷责任与保修责任、保险、不可抗力、违约、索赔、争议的解决。

　　A. 通用合同条款　　　　　　　　B. 常用合同条款

　　C. 专用合同条款　　　　　　　　D. 合同附件格式

11. FIDIC 标准合同文本中的（　　），适用于各类大型或较复杂的工程项目，承包商按照雇主提供的设计进行施工或施工总承包的合同。

　　A.《施工合同条件》(1999 年版)

　　B.《生产设备和设计-施工合同条件》(1999 年版)

　　C.《设计采购施工（EPC）/交钥匙工程合同条件》(1999 年版)

　　D.《简明合同格式》(1999 年版)

12. （　　）决定了合同法律关系的性质，它是连接主体的纽带。

　　A. 合同法律关系的主体　　　　　B. 合同法律关系的客体

　　C. 合同法律关系的内容　　　　　D. 合同法律关系的期限

13. （　　）是指当事人根据法律规定或者双方约定，为促使债务人履行债务实现债权人权利的法律制度。

　　A. 保证　　　　　　　　　　　　B. 担保

　　C. 抵押　　　　　　　　　　　　D. 质押

14. 某建筑工程的业主投保了建筑工程一切险。在建设过程中，由于飓风天气，一辆领有公共运输执照的施工车辆在运输途中坠毁受损严重，则应由（　　）。

　　A. 业主自行承担全部损失　　　　B. 业主和保险公司协商分担损失

　　C. 保险公司承担一半损失　　　　D. 保险公司承担全部损失

15. 下列选项中，关于保证人资格的说法，正确的是（　　）。

　　A. 企业法人的职能部门，可以在授权范围内作为保证人

　　B. 企业法人的分支机构一律不得作为保证人

　　C. 医院可以作为保证人

　　D. 学校不得作为保证人

16. 建设工程材料设备采购合同管理中，（　　）适用于合同双方不在同一城市的结算。

　　A. 现金结算　　　　　　　　　　B. 转账结算

C. 托收承付　　　　　　　　　　D. 支票结算

17. 设计施工总承包合同规定，发包人要求文件说明的竣工试验方面分为（　　）个阶段。

A. 两　　　　　　　　　　　　　B. 三
C. 四　　　　　　　　　　　　　D. 五

18. 供货方代运货物的到货检验，交运前出现了问题，由供货方负责，运输过程中出现了问题，由（　　）负责。

A. 采购方　　　　　　　　　　　B. 供货方
C. 运输部门　　　　　　　　　　D. 保险公司

19. 某工程在缺陷责任期内，因施工质量问题出现重大缺陷，发包人通知承包人进行维修，承包人不能在合理时间内进行维修，发包人委托其他单位进行修复，修复费用由（　　）承担。

A. 发包人　　　　　　　　　　　B. 承包人
C. 使用人　　　　　　　　　　　D. 以上都不正确

20. 我国标准施工合同针对竣工试验结果只做出（　　）两种规定。

A. 通过或未通过　　　　　　　　B. 接收或拒收
C. 通过或拒收　　　　　　　　　D. 接收或未通过

21. 建设工程合同要求每一个建筑产品都需要单独设计和施工，决定了（　　）。

A. 合同主体的严格性　　　　　　B. 合同标的的特殊性
C. 合同履行期限的长期性　　　　D. 计划和程序的严格性

22. 下列各项中，不属于应用不可预见的物质条件条款扣减施工节约成本的关键点的是（　　）。

A. 承包商未依据此条款提出索赔，工程师不得对以往承包人在有利条件下施工节约的成本主动扣减

B. 有利部分只涉及以往，以后可能节约的部分不能作为扣除的内容

C. 以往类似部分施工节约成本的扣除金额，最多不能大于本次索赔对承包商损失应补偿的金额

D. 不可预见的物质条件给承包商造成的损失应给予补偿，承包商以往类似情况节约的成本也应做适当的抵消

23. 招标人最迟应当在书面合同签订后 5 日内向（　　）退还投标保证金及银行同期存款利息。

A. 中标人　　　　　　　　　　　B. 未中标的投标人
C. 中标人和未中标的投标人　　　D. 以上都不正确

24. 下列合同属于按照完成承包的内容分类的是（　　）。

A. 工程承包合同　　　　　　　　B. 建设工程设计施工总承包合同
C. 施工分包合同　　　　　　　　D. 建设工程施工合同

25. 标准施工合同的通用条款包括（　　）。

A. 24 条，130 款　　　　　　　　B. 24 条，131 款
C. 25 条，130 款　　　　　　　　D. 25 条，131 款

26. 出卖人根据合同约定将标的物运送至买受人指定地点并交付给承运人后，标的物毁损、灭失的风险由（　　）负担，但当事人另有约定的除外。

    A. 出卖人   B. 买受人

    C. 承运人   D. 委托人

27. 设计施工总承包合同模式下，不可预见物质条件的风险由发包人承担，承包人遇到不可预见物质条件时，及时通知了监理人，监理人没有发出指示，承包人因采取合理措施而增加的费用和工期延误，由（　　）承担。

    A. 发包人   B. 承包人

    C. 监理人   D. 发包人和承包人

28. 某施工企业从银行借款 1000 万元，以房产作抵押。施工企业经营亏损无力还贷，除本金外，施工企业还欠银行利息 200 万元，违约金 200 万元。银行经诉讼后抵押房产被拍卖，得款 2000 万元。银行诉讼及申请拍卖费用 50 万元，则拍卖得款的分配应为（　　）

    A. 全都归银行所有   B. 返还施工企业 550 万元

    C. 返还施工企业 600 万元   D. 返还施工企业 750 万元

29. 为了保障勘察人完成委托的勘察任务，发包人应提供必要的工作条件，下列工作中不属于发包人义务的是（　　）。

    A. 负责青苗树木的损坏赔偿   B. 拆除地上障碍物

    C. 提供勘察工作的劳动保护用品和装备   D. 提供水上勘察作业用船

30. 有关建设工程材料设备采购合同的特点，下列说法中正确的是（　　）。

    A. 出卖人与买受人订立买卖合同，是以转移财产所有权为目的

    B. 买受人转移财产所有权，必须以买受人支付价款为对价

    C. 买卖合同是双务、无偿合同

    D. 除了法律有特殊规定的情况外，当事人之间意思表示一致，买卖合同即可成立，并以实物的交付为合同成立的条件

31. 项目经理应在早期警告会议上对所研究的建议和做出的决定记录在案，会后发给（　　）。

    A. 雇主   B. 承包商

    C. 分包商   D. 工程师

32. 设计招标的特点是（　　）。

    A. 让设计的技术和成果作为有价值的商品进入市场的竞争

    B. 投标人将招标人对项目的设想变为可实施方案的竞争

    C. 设计投标书的竞争

    D. 设计费用的竞争

33. 《招标投标法实施条例》以及《工程建设项目招标范围和规模标准规定》等法规、规章文件，明确了（　　）的工程建设项目内容、范围和规模标准。

    A. 依法必须招标   B. 可以不招标

    C. 依法必须招标和可以不招标   D. 以上都不正确

34. 下列各项中，不属于发包人有权凭履约保证向银行或者担保公司索取保证金作为赔偿的情况是（　　）。

A. 施工过程中，承包人中途毁约　　　B. 施工过程中，承包人任意中断工程
C. 施工过程中，承包人按规定施工　　D. 承包人破产

35. 下列情形中，不属于施工中不利物质条件的有（　　）。
    A. 污染物　　　　　　　　　　　　　B. 不利于施工的气候条件
    C. 非自然的物质障碍　　　　　　　　D. 不可预见的自然物质条件

36. 工程师可以行使施工合同中规定的或必然隐含的权力，（　　）只是授予工程师独立作出决定的权限。
    A. 承包人　　　　　　　　　　　　　B. 分包人
    C. 监理人　　　　　　　　　　　　　D. 雇主

37. 下列选项中，关于评标委员会组成的说法，正确的是（　　）。
    A. 招标人代表 2 人，专家 6 人　　　B. 招标人代表 2 人，专家 5 人
    C. 招标人代表 2 人，专家 4 人　　　D. 招标人代表 2 人，专家 3 人

38. 承包人办理保险的情况下，如果承包人未按合同约定办理设计和工程保险、第三者责任保险，或未能使保险持续有效时，（　　）可代为办理，所需费用由（　　）承担。
    A. 发包人，发包人　　　　　　　　　B. 发包人，承包人
    C. 监理人，发包人　　　　　　　　　D. 监理人，承包人

39. CM 合同属于（　　）。
    A. 管理合同　　　　　　　　　　　　B. 管理承包合同
    C. 成本补偿合同　　　　　　　　　　D. 标价合同

40. 下列各项中，不属于《标准设计施工总承包招标文件》的有（　　）。
    A. 招标公告　　　　　　　　　　　　B. 工程量清单
    C. 投标人须知　　　　　　　　　　　D. 评标办法

41. 某关系社会公共利益的投资项目，施工单项合同估算价为 5000 万元人民币，该项目（　　）。
    A. 必须公开招标　　　　　　　　　　B. 必须邀请招标
    C. 可直接委托发包　　　　　　　　　D. 必须聘请招标代理机构委托发包

42. 某施工合同协议书内注明的开工日期为 2013 年 2 月 1 日。承包人因主要施工机械未到场向工程师递交了延期开工 1 周的申请，但未获得工程师批准。工程实际在 2013 年 2 月 5 日开始动工。2013 年 12 月 5 日，承包人在自检合格后提交了竣工验收报告，工程于 2013 年 12 月 20 日通过了竣工验收。按照建设工程施工合同示范文本的规定，承包人的施工期应为（　　）。
    A. 自 2 月 1 日始，至 12 月 5 日止　　　B. 自 2 月 1 日始，至 12 月 20 日止
    C. 自 2 月 5 日始，至 12 月 5 日止　　　D. 自 2 月 5 日始，至 12 月 20 日止

43. （　　）是投标人编制投标文件和报价的依据。
    A. 图纸　　　　　　　　　　　　　　B. 招标公告
    C. 投标人须知　　　　　　　　　　　D. 招标文件

44. 某单位为了解决职工住房问题，与某房地产开发商签订了一份购买一栋宿舍楼的合同，该合同法律关系客体是指（　　）。
    A. 物　　　　　　　　　　　　　　　B. 行为

C. 智力成果   D. 货币

45. （　　）一般是经过批准进行工程项目建设的法人，必须有国家批准建设项目，落实的投资计划，并且应当具备相应的协调能力。

     A. 发包人   B. 承包人

     C. 分包人   D. 业主

46. 采购方验收运抵施工现场的钢板时，适宜检验供货数量的方法是（　　）。

     A. 衡量法   B. 理论换算法

     C. 经验鉴别法   D. 物理试验法

47. 根据 FIDIC 施工合同条件部分条款的规定，如果承包商对助手的指示有疑义时，（　　）。

     A. 不需再请助手澄清，可直接按想法对其予以确认、取消或改变

     B. 不需再请助手澄清，可直接提交工程师请其对该指示予以确认、取消或改变

     C. 需再请助手澄清，再提交工程师请其对该指示予以确认、取消或改变

     D. 需再请助手澄清，可不提交工程师请其对该指示予以确认、取消或改变

48. 某施工企业拥有一处办公楼，评估价为 5000 万元。该施工企业从 A 银行贷款 3000 万元，从 B 银行贷款 2000 万元，并与 B 银行办理了抵押登记。后该施工企业无力还款，经诉讼后拍卖办公楼，取得售楼款 3000 万元用于清偿 A、B 银行债务。A、B 银行债权的分配数额应为（　　）。

     A. A 银行 1000 万元，B 银行 2000 万元

     B. A 银行 1800 万元，B 银行 1200 万元

     C. A、B 银行各 1500 万元

     D. A 银行 2000 万元，B 银行 1000 万元

49. 下列选项中，关于委托代理的说法，错误的是（　　）。

     A. 被代理人所作出的授权行为属于双方法律行为

     B. 代理人有权随时辞去所受委托

     C. 被代理人有权随时撤销其授权委托

     D. 代理人辞去委托时，不能给代理人和善意第三人造成损失，否则应承担赔偿责任

50. 下列选项中，不属于公开招标缺点的是（　　）。

     A. 评标工作量大   B. 招标时间长

     C. 所需费用高   D. 竞争激烈程度较差

二、多项选择题（共 30 题，每题 2 分。每题的备选项中，有 2 个或 2 个以上符合题意，至少有 1 个错项。错选，本题不得分；少选，所选的每个选项得 0.5 分）

51. 根据《建设工程设计合同（示范文本）》的规定，发包人和设计人必须共同保证施工图设计满足（　　）条件。

     A. 建筑物的设计稳定、安全、可靠

     B. 提出技术设计计划

     C. 设计的施工图达到规定的设计深度

     D. 设计符合消防、节能、环保等有关强制性标准、规范

E. 不存在有可能损害公共利益的其他影响

52. FIDIC《施工合同条件》规定，合同履行中涉及的几个时间期限的概念包括(　　)。

　　A. 合同工期　　　　　　　　　　　B. 施工期

　　C. 延误工期　　　　　　　　　　　D. 保修期

　　E. 缺陷责任期

53. 施工企业以商业汇票向债权人提供担保，下列关于该担保的说法中，正确的有(　　)。

　　A. 该担保方式是抵押　　　　　　　B. 该担保方式是质押

　　C. 施工企业应当将汇票交付债权人　D. 双方应当办理登记

　　E. 汇票应由施工企业保管

54. 非企业法人包括(　　)。

　　A. 项目法人　　　　　　　　　　　B. 集体法人

　　C. 行政法人　　　　　　　　　　　D. 社团法人

　　E. 事业法人

55. 设计招标文件的主要内容包括(　　)。

　　A. 投标须知　　　　　　　　　　　B. 项目说明书

　　C. 设计依据的基础资料　　　　　　D. 投标有效期

　　E. 工程概况

56. 建筑工程一切险的被保险人具体包括(　　)。

　　A. 业主或工程所有人　　　　　　　B. 承包人或者分包人

　　C. 技术顾问　　　　　　　　　　　D. 招标代理人

　　E. 业主聘用的建筑师、工程师及其他专业顾问

57. 由于发包人未给勘察人提供必要的工作、生活条件而造成停、窝工或来回进出场费，发包人应承担的责任包括(　　)。

　　A. 付给勘察人停、窝工费，金额按预算的平均工日产值计算

　　B. 工期按实际延误的工日顺延

　　C. 补偿勘察人来回的进出场费和调遣费

　　D. 付给勘察机构适当的利润

　　E. 继续提供必要的生活条件

58. 设计施工总承包合同的通用条款包括(　　)。

　　A. 发包人义务　　　　　　　　　　B. 承包人义务

　　C. 材料和工程设备　　　　　　　　D. 施工安全、治安保卫和环境保护

　　E. 缺陷责任与保修责任

59. 下列关于招标流程的相关说法正确的是(　　)。

　　A. 现场踏勘是由招标人组织的

　　B. 招标人具备自行招标能力可以自行进行招标事宜

　　C. 评标委员会成员人数必须为7人以上单数

　　D. 组织投标预备会一般应在投标截止时间7日以前进行

　　E. 给潜在投标人准备资格预审文件的时间应不少于5日

60. 某项目施工过程中，由于空中飞行物坠落给施工造成了重大损害，（　　）应当由承包方承担。

    A. 承包方人员伤亡损失

    B. 发包方人员伤亡损失

    C. 承包方施工设备损坏的损失

    D. 运至施工场地待安装工程设备的损害

    E. 工程修复费用

61. 《机电产品采购国际竞争性招标文件》中关于合同的内容，包括（　　）。

    A. 合同通用条款　　　　　　　　B. 合同专用条款

    C. 合同格式　　　　　　　　　　D. 合同标题

    E. 合同内容

62. 下列关于招标流程的相关说法正确的是（　　）。

    A. 招标人收到的投标文件，在招标文件规定的开标时间前不得开启

    B. 招标人必须委托招标代理机构进行招标事宜

    C. 招标人承担踏勘现场的费用

    D. 招标人需要向建设行政主管部门办理申请招标手续

    E. 必须设定标底

63. 下列造成损失的事件中，依据建筑工程一切险的规定，应由保险人支付损失赔偿金的有（　　）。

    A. 地震造成的工程损坏　　　　　B. 水灾的淹没损失

    C. 气温变化导致材料变质　　　　D. 施工机具的自然磨损

    E. 非外力引起的机械本身损坏

64. 我国的标准设计施工总承包合同，分别给出（　　）可供发包人选择的合同模式。

    A. 固定工期　　　　　　　　　　B. 固定费用

    C. 可以补偿　　　　　　　　　　D. 不补偿

    E. 固定地点

65. 施工企业从银行贷款，可作为质押担保的有（　　）。

    A. 汽车　　　　　　　　　　　　B. 土地

    C. 土地所有权　　　　　　　　　D. 支票

    E. 可以转让的商标专用权

66. 建筑工程一切险中，保险人承担保险责任的范围包括（　　）。

    A. 火灾引起的电气装备的毁坏　　B. 地震导致施工建筑物的毁坏

    C. 台风摧毁施工现场内的临时工程　　D. 水灾导致被保险人施工建筑物的毁坏

    E. 气温变化造成精密仪表毁坏

67. 我国代理的种类包括（　　）。

    A. 越权代理　　　　　　　　　　B. 无权代理

    C. 法定代理　　　　　　　　　　D. 委托代理

    E. 指定代理

68. 除了明确规定对当事人双方有约束力的合同组成文件外，具体招标工程项目订立合同

时需要明确填写的内容仅包括( )。

  A. 发包人和承包人的名称   B. 施工的工程或标段

  C. 实际合同价   D. 合同工期

  E. 质量标准和项目经理的人选

69. 现场交货的到货检验中，数据验收的方法主要包括( )。

  A. 定量计算法   B. 衡量法

  C. 经验鉴别法   D. 理论换算法

  E. 查点法

70. 标准施工合同文件组成中的投标函，不同于《建设工程施工合同（示范文本)》(GF—2013—0201) 规定的投标书及其附件，仅是( )。

  A. 承包的施工标段

  B. 投标人置于投标文件首页的保证中标后与发包人签订合同

  C. 工程质量标准

  D. 按照要求提供履约担保

  E. 按期完成施工任务的承诺文件

71. 由于通用条款的内容涵盖各类工程项目施工共性的 ( )，各行业可以结合工程项目施工的行业特点编制标准施工合同文本在专用条款内体现，具体招标工程在编制合同时，应针对项目的特点、招标人的要求，在专用条款内针对通用条款涉及的内容进行补充、细化。

  A. 一般约定   B. 合同责任

  C. 缺陷责任与保修责任   D. 变更

  E. 履行管理程序

72. 建设工程合同管理的基本方法包括( )。

  A. 严格执行建设工程合同管理法律法规

  B. 普及相关法律知识，培训合同管理人才

  C. 设立合同管理机构，配备合同管理人员

  D. 建立合同管理目标制度

  E. 推行合同专用文本制度

73. 我国颁布《建设工程勘察合同示范文本》和《建设工程设计合同示范文本》的目的是为了保证勘察、设计合同( )。

  A. 内容完备   B. 责任明确

  C. 风险责任分担合理   D. 经济合理

  E. 技术可行

74. 投标邀请书（代资格预审通过通知书）适用于进行资格预审的公开招标或邀请招标，对通过资格预审申请投标人的投标邀请通知书。内容包括 ( )等内容。

  A. 招标条件   B. 被邀请单位名称

  C. 购买招标文件的时间   D. 售价

  E. 投标截止时间

75. 设计施工总承包合同规定，发包人要求文件说明的工程项目管理规定方面的内容包

括(   )。

    A. 质量标准   B. 健康

    C. 备案要求   D. 安全与环境管理体系

    E. 变更

76. 施工合同的中标通知书是招标人接受中标人的书面承诺文件，具体写明的内容有(   )。

    A. 承包的施工标段   B. 投标价

    C. 工期   D. 工程质量标准

    E. 投标人的项目经理名称

77. 招标代理机构应具备的条件有(   )。

    A. 招标代理业务   B. 编制招标文件的能力

    C. 从事招标代理业务的营业场所   D. 可以作为评标委员会人选的专家库

    E. 专业齐备的评标专家

78. 合同法律关系的主体是参加合同法律关系，享有相应权利，承担相应义务的当事人。下列主体中，可以作为合同法律关系主体的有(   )。

    A. 政府机关   B. 法人的分支机构

    C. 大学所属二级学院   D. 事业单位

    E. 社会团体

79. 下列选项中，关于交货验收的说法，正确的有(   )。

    A. 运输过程中发生的交货数量问题由供货方负责

    B. 有关行政主管部门对通用的物资和材料规定了货物交接过程中允许的合理磅差和尾差界限，如果合同约定的货物无规定可循，也应在条款内约定合理的差额界限

    C. 交付货物的数量在合理的尾差或磅差范围内，多交则退，少交不补

    D. 如果超过合同内对磅差和尾差规定的合理范围，在计算多交或少交数量时，应按订购数量和实际交货数量比较，必须考虑尾差或磅差

    E. 在保修期内，凡检测不合格的物资或设备，均由供货方负责

80. 建设工程施工招标评标办法中的正文包括(   )。

    A. 评标办法   B. 评审标准

    C. 评标程序   D. 招标文件

    E. 投标文件

第五套模拟试卷参考答案、考点分析

一、单项选择题

1. 【试题答案】D

【试题解析】本题考查重点是"订立设计合同时应约定的内容"。设计概算不得超过合同约定的设计限额，所以选项 A 正确；设计文件中不得采用未经有资质检测机构试验论证的新材料，所以选项 B 正确；设计标准可以高于国家规范的强制性规定，发包人不得要求设计人违反国家有关标准进行设计，所以选项 C 正确，选项 D 错误。因此，本题的正确答案为 D。

2. 【试题答案】A

【试题解析】本题考查重点是"交货检验"。质量验收的方法可以采用：①经验鉴别法。即通过目测、手触或以常用的检测工具量测后，判定质量是否符合要求；②物理试验法。根据对产品性能检验的目的，可以进行拉伸试验、压缩试验、冲击试验、金相试验及硬度试验等；③化学分析法。即抽出一部分样品进行定性分析或定量分析的化学试验，以确定其内在质量。因此，本题的正确答案为 A。

3. 【试题答案】A

【试题解析】本题考查重点是"建设工程合同的种类"。发包人将工程建设的勘察、设计、施工等任务发包给一个承包人的合同，即为建设工程设计施工总承包合同。因此，本题的正确答案为 A。

4. 【试题答案】A

【试题解析】本题考查重点是"FIDIC 合同文本简介"。《客户/咨询工程师（单位）服务协议书》(1998 年版)，适用于雇主委托工程咨询单位进行项目的前期投资研究、可行性研究、工程设计、招标评标、合同管理和投产准备等的咨询服务合同。因此，本题的正确答案为 A。

5. 【试题答案】D

【试题解析】本题考查重点是"FIDIC 合同文本简介"。《简明合同格式》（1999 年版)，适用于投资金额相对较小、工期短、不需进行专业分包，相对简单或重复性的工程项目施工。因此，本题的正确答案为 D。

6. 【试题答案】C

【试题解析】本题考查重点是"FIDIC 施工合同条件部分条款"。指定分包商是指由雇主或工程师选定与承包商签订合同的分包商，完成招标文件中规定承包商承包范围以外工程施工或工作的分包人。因此，本题的正确答案为 C。

7. 【试题答案】A

【试题解析】本题考查重点是"英国 NEC 合同文本"。由于核心条款是对施工合同主要共性条款的规定，因此还要根据具体工程的合同策略，在主要选项条款的 6 个不同合同计价模式中确定一个适用模式，将其纳入到合同条款之中（只能选择一项）。因此，本题的正确答案为 A。

8. 【试题答案】C

【试题解析】本题考查重点是"建设工程合同管理的目标"。建设工程合同管理的目标：①发展和完善建筑市场；②推进建筑领域的改革；③提高工程建设的管理水平；④避免和克服建筑领域的经济违法和犯罪。因此，本题的正确答案为C。

9. 【试题答案】C

【试题解析】本题考查重点是"英国NEC合同文本"。主要选项条款中的标价合同适用于签订合同时价格已经确定的合同，选项A适用于固定价格承包，选项B适用于采用综合单价计量承包；目标合同（选项C、选项D）适用于拟建工程范围在订立合同时还没有完全界定或预测风险较大的情况，承包商的投标价作为合同的目标成本，当工程费用超支或节省时，雇主与承包商按合同约定的方式分摊；成本补偿合同（选项E）适用于工程范围的界定尚不明确，甚至以目标合同为基础也不够充分，而且又要求尽早动工的情况，工程成本部分实报实销，按合同约定的工程成本一定百分比作为承包商的收入；管理合同（选项F）适用于施工管理承包，管理承包商与雇主签订管理承包合同，他不直接承担施工任务，以管理费用和估算的分包合同总价报价。因此，本题的正确答案为C。

10. 【试题答案】A

【试题解析】本题考查重点是"标准施工招标文件"。通用合同条款包括一般约定、发包人义务、监理人、承包人、材料和工程设备、施工设备和临时设施、交通运输、测量放线、施工安全、治安保卫和环境保护、进度计划、开工和竣工、暂停施工、工程质量、试验与检验、变更、价格调整、计量与支付、竣工验收、缺陷责任与保修责任、保险、不可抗力、违约、索赔、争议的解决。因此，本题的正确答案为A。

11. 【试题答案】A

【试题解析】本题考查重点是"FIDIC合同文本简介"。《施工合同条件》（1999年版），适用于各类大型或较复杂的工程项目，承包商按照雇主提供的设计进行施工或施工总承包的合同。因此，本题的正确答案为A。

12. 【试题答案】C

【试题解析】本题考查重点是"合同法律关系的构成"。合同法律关系的内容是指合同约定和法律规定的权利和义务。合同法律关系的内容是合同的具体要求，决定了合同法律关系的性质，它是连接主体的纽带。因此，本题的正确答案为C。

13. 【试题答案】B

【试题解析】本题考查重点是"担保的概念"。担保是指当事人根据法律规定或者双方约定，为促使债务人履行债务实现债权人权利的法律制度。因此，本题的正确答案为B。

14. 【试题答案】D

【试题解析】本题考查重点是"工程建设涉及的主要险种"。建筑工程一切险的保险人对下列原因造成的损失和费用负责赔偿：①自然事件，指地震、海啸、雷电、飓风、台风、龙卷风、风暴、暴雨、洪水、水灾、冻灾、冰雹、地崩、山崩、雪崩、火山爆发、地面下陷下沉及其他人力不可抗拒的破坏力强大的自然现象；②意外事故，是指不可预料的以及被保险人无法控制并造成物质损失或人身伤亡的突发性事件，包括火灾和爆炸。因此，本题的正确答案为D。

15. 【试题答案】D

【试题解析】本题考查重点是"担保方式——保证"。具有代为清偿债务能力的法人、其他组织或者公民，可以作为保证人。但是，以下组织不能作为保证人：①企业法人的分支机构、职能部门。企业法人的分支机构有法人书面授权的，可以在授权范围内提供保证；②国家机关。经国务院批准为使用外国政府或者国际经济组织贷款进行转贷的除外；③学校、幼儿园、医院等以公益为目的的事业单位、社会团体。因此，本题的正确答案为D。

16.【试题答案】C

【试题解析】本题考查重点是"支付结算管理"。建设工程材料设备采购合同管理，结算方式可以是现金支付、转账结算或异地托收承付。现金结算只适用于成交货物数量少，且金额小的购销合同；转账结算适用于同城市或同地区内的结算；托收承付适用于合同双方不在同一一城市的结算。因此，本题的正确答案为C。

17.【试题答案】B

【试题解析】本题考查重点是"设计施工总承包合同的订立——合同文件"。设计施工总承包合同规定，发包人要求文件应说明11个方面的内容，其中竣工试验包括：①第一阶段，如对单车试验等的要求，包括试验前准备；②第二阶段，如对联动试车、投料试车等的要求，包括人员、设备、材料、燃料、电力、消耗品、工具等必要条件；③第三阶段，如对性能测试及其他竣工试验的要求，包括产能指标、产品质量标准、运营指标、环保指标等。因此，本题的正确答案为B。

18.【试题答案】C

【试题解析】本题考查重点是"交货检验"。由供货方代运的货物，采购方在站场提货地点应与运输部门共同验货，以便发现灭失、短少、损坏等情况时，能及时分清责任。采购方接收后，运输部门不再负责。属于交运前出现的问题，由供货方负责；运输过程中发生的问题，由运输部门负责。因此，本题的正确答案为C。

19.【试题答案】B

【试题解析】本题考查重点是"合同履行涉及的几个时间期限"。如果承包人不能在合理时间内修复缺陷，发包人可以自行修复或委托其他人修复，修复费用由缺陷原因的责任方承担。因此，本题的正确答案为B。

20.【试题答案】C

【试题解析】本题考查重点是"FIDIC施工合同条件部分条款"。我国标准施工合同针对竣工试验结果只做出"通过"或"拒收"两种规定，FIDIC《施工合同条件》增加了雇主可以折价接收工程的情况。因此，本题的正确答案为C。

21.【试题答案】B

【试题解析】本题考查重点是"建设工程合同的特征"。建筑产品的类别庞杂，其外观、结构、使用目的、使用人都各不相同，这就要求每一个建筑产品都需单独设计和施工（即使可重复利用标准设计或重复使用图纸，也应采取必要的修改设计才能施工），即建筑产品是单体性生产，这也决定了建设工程合同标的的特殊性。因此，本题的正确答案为B。

22.【试题答案】D

【试题解析】本题考查重点是"FIDIC施工合同条件部分条款"。应用不可预见的物质条件条款扣减施工节约成本有四个关键点需要注意：一是承包商未依据此条款提出索赔，工程师不得对以往承包人在有利条件下施工节约的成本主动扣减；二是扣减以往节约成本部分是与本次索赔在施工性质、施工组织和方法相类似部分，如果不类似的施工部位节约的成本不涉及扣除；三是有利部分只涉及以往，以后可能节约的部分不能作为扣除的内容；四是以往类似部分施工节约成本的扣除金额，最多不能大于本次索赔对承包商损失应补偿的金额。因此，本题的正确答案为 D。

23.【试题答案】C

【试题解析】本题考查重点是"保证在建设工程中的应用"。招标人最迟应当在书面合同签订后 5 日内向中标人和未中标的投标人退还投标保证金及银行同期存款利息。因此，本题的正确答案为 C。

24.【试题答案】D

【试题解析】本题考查重点是"建设工程合同的种类"。按完成承包的内容进行划分，建设工程合同可以分为建设工程勘察合同、建设工程设计合同和建设工程施工合同三类。因此，本题的正确答案为 D。

25.【试题答案】B

【试题解析】本题考查重点是"施工合同标准文本"。标准施工合同的通用条款包括 24 条，标题分别为：一般约定；发包人义务；监理人；承包人；材料和工程设备；施工设备和临时设施；交通运输；测量放线；施工安全、治安保卫和环境保护；进度计划；开工和竣工；暂停施工；工程质量；试验和检验；变更；价格调整；计量与支付；竣工验收；缺陷责任与保修责任；保险；不可抗力；违约；索赔；争议的解决。共计 131 款。因此，本题的正确答案为 B。

26.【试题答案】B

【试题解析】本题考查重点是"订购产品的交付"。出卖人根据合同约定将标的物运送至买受人指定地点并交付给承运人后，标的物毁损、灭失的风险由买受人负担，但当事人另有约定的除外。因此，本题的正确答案为 B。

27.【试题答案】A

【试题解析】本题考查重点是"订立合同时需要明确的内容"。不可预见物质条件涉及的范围与标准施工合同相同，但通用条款中对风险责任承担的规定有两个供选择的条款：一是此风险由承包人承担；二是由发包人承担。双方应当明确本合同选用哪一条款的规定。对于后一种条款的规定是：承包人遇到不可预见物质条件时，应采取适应不利物质条件的合理措施继续设计和（或）施工，并及时通知监理人，通知应载明不利物质条件的内容以及承包人认为不可预见的理由。监理人收到通知后应当及时发出指示。指示构成变更的，按变更条款执行。监理人没有发出指示，承包人因采取合理措施而增加的费用和（或）工期延误，由发包人承担。因此，本题的正确答案为 A。

28.【试题答案】B

【试题解析】本题考查重点是"担保方式"。抵押担保的范围包括主债权及利息、违约金及损害赔偿金和实现抵押权的费用，结合题意可知，返还施工企业的金额为：2000－1000－200－200－50＝550 万元。因此，本题的正确答案为 B。

29.【试题答案】C

【试题解析】本题考查重点是"建设工程勘察的内容和合同当事人"。根据项目的具体情况，发包人与勘察人双方可以在合同内约定由发包人负责保证勘察工作顺利开展应提供的条件，可能包括：①落实土地征用、青苗树木赔偿；②拆除地上地下障碍物；③处理施工扰民及影响施工正常进行的有关问题；④平整施工现场；⑤修好通行道路、接通电源水源、挖好排水沟渠以及水上作业用船等。因此，本题的正确答案为C。

30. 【试题答案】A

【试题解析】本题考查重点是"建设工程材料设备采购合同的概念"。建设工程材料设备采购合同属于买卖合同，具有买卖合同的一般特点。①出卖人与买受人订立买卖合同，是以转移财产所有权为目的的；②买卖合同的买受人取得财产所有权，必须支付相应的价款；出卖人转移财产所有权，必须以买受人支付价款为对价；③买卖合同是双务、有偿合同。所谓双务、有偿是指合同双方互负一定义务，出卖人应当保质、保量、按期交付合同订购的物资、设备，买受人应当按合同约定的条件接收货物并及时支付货款；④买卖合同是诺成合同。除了法律有特殊规定的情况外，当事人之间意思表示一致，买卖合同即可成立，并不以实物的交付为合同成立的条件。因此，本题的正确答案为A。

31. 【试题答案】B

【试题解析】本题考查重点是"英国NEC合同文本"。项目经理应在早期警告会议上对所研究的建议和做出的决定记录在案，会后发给承包商。因此，本题的正确答案为B。

32. 【试题答案】B

【试题解析】本题考查重点是"工程设计招标概述"。设计招标的特点是投标人将招标人对项目的设想变为可实施方案的竞争。因此，本题的正确答案为B。

33. 【试题答案】C

【试题解析】本题考查重点是"施工招标概述"。《招标投标法实施条例》以及《工程建设项目招标范围和规模标准规定》等法规、规章文件，明确了依法必须招标和可以不招标的工程建设项目内容、范围和规模标准。因此，本题的正确答案为C。

34. 【试题答案】C

【试题解析】本题考查重点是"保证在建设工程中的应用"。履约保证的担保责任，主要是担保投标人中标后，将按照合同规定，在工程全过程，按期限按质量履行其义务。若发生下列情况，发包人有权凭履约保证向银行或者担保公司索取保证金作为赔偿：①施工过程中，承包人中途毁约，或任意中断工程，或不按规定施工；②承包人破产，倒闭。因此，本题的正确答案为C。

35. 【试题答案】B

【试题解析】本题考查重点是"变更管理"。不利物质条件属于发包人应承担的风险，指承包人在施工场地遇到的不可预见的自然物质条件、非自然的物质障碍和污染物，包括地下和水文条件，但不包括气候条件。因此，本题的正确答案为B。

36. 【试题答案】D

【试题解析】本题考查重点是"FIDIC施工合同条件部分条款"。工程师可以行使施工合同中规定的或必然隐含的权力，雇主只是授予工程师独立作出决定的权限。因此，本题的正确答案为D。

37. 【试题答案】B

【试题解析】本题考查重点是"施工招标程序"。评标委员会由招标人或其委托的招标代理机构熟悉相关业务的代表，以及有关技术、经济等方面的专家组成，成员人数为五人以上单数，其中技术、经济等方面的专家不得少于成员总数的三分之二。因此，本题的正确答案为B。

38.【试题答案】B

【试题解析】本题考查重点是"保险责任"。如果承包人未按合同约定办理设计和工程保险、第三者责任保险，或未能使保险持续有效时，发包人可代为办理，所需费用由承包人承担。因此，本题的正确答案为B。

39.【试题答案】B

【试题解析】本题考查重点是"美国AIA合同文本"。CM合同属于管理承包合同，有别于施工总承包商承包后对分包合同的管理。因此，本题的正确答案为B。

40.【试题答案】B

【试题解析】本题考查重点是"简明标准施工招标文件"。《标准设计施工总承包招标文件》共分招标公告（或投标邀请书）、投标人须知、评标办法、合同条款及格式、发包人要求、发包人提供的资料、投标文件格式七章。因此，本题的正确答案为B。

41.【试题答案】A

【试题解析】本题考查重点是"施工招标概述"。必须招标的范围：关系社会公共利益、公众安全的基础设施项目；关系社会公共利益、公众安全的公用事业项目；使用国有资金投资项目；国家融资项目；使用国际组织或者外国政府资金的各类建设项目，施工单项合同估算价在200万元人民币以上，或单项合同估算价虽低于200万元人民币，但项目总投资额在3000万元人民币以上的工程应采用招标方式订立合同。因此，本题的正确答案为A。

42.【试题答案】B

【试题解析】本题考查重点是"合同履行涉及的几个时间期限"。承包人施工期从监理人发出的开工通知中写明的开工日起算，至工程接收证书中写明的实际竣工日止。以此期限与合同工期比较，判定是提前竣工还是延误竣工。延误竣工承包人承担拖期赔偿责任，提前竣工是否应获得奖励需视专用条款中是否有约定。因此，本题的正确答案为B。

43.【试题答案】D

【试题解析】本题考查重点是"施工招标程序"。招标文件是投标人编制投标文件和报价的依据，因此应该包括招标项目的所有实质性要求和条件。因此，本题的正确答案为D。

44.【试题答案】A

【试题解析】本题考查重点是"合同法律关系的构成"。合同法律关系客体是指参加合同法律关系的主体享有的权利和承担的义务所共同指向的对象，主要包括物、行为、智力成果。其中，法律意义上的物是指可为人们控制、并具有经济价值的生产资料和消费资料，可以分为动产和不动产、流通物与限制流通物、特定物与种类物等。建筑材料、建筑设备、建筑物等都可能成为合同法律关系的客体。因此，本题的正确答案为A。

45.【试题答案】A

【试题解析】本题考查重点是"建设工程合同的特征"。发包人一般是经过批准进行工程项目建设的法人，必须有国家批准建设项目，落实的投资计划，并且应当具备相应的协调能力。因此，本题的正确答案为 A。

46.【试题答案】A

【试题解析】本题考查重点是"交货检验"。数量验收的方法主要包括衡量法、理论换算法和查点法。其中，衡量法，即根据各种物资不同的计量单位进行检尺、检斤，以衡量其长度、面积、体积、重量是否与合同约定一致。如胶管衡量其长度，钢板衡量其面积，木材衡量其体积，钢筋衡量其重量等。本题中，验收物资为钢板，所以应用衡量法。因此，本题的正确答案为 A。

47.【试题答案】B

【试题解析】本题考查重点是"FIDIC 施工合同条件部分条款"。如果承包商对助手的指示有疑义时，不需再请助手澄清，可直接提交工程师请其对该指示予以确认、取消或改变。因此，本题的正确答案为 B。

48.【试题答案】A

【试题解析】本题考查重点是"担保方式——抵押"。同一财产向两个以上债权人抵押的，拍卖、变卖抵押财产所得的价款按照下列规定清偿：①抵押权已登记的，按照登记的先后顺序清偿；顺序相同的，按照债权比例清偿；②抵押权已登记的先于未登记的受偿；③抵押权未登记的，按照债权比例清偿。本题中，该施工企业与 B 银行办理了抵押登记，按照规定清偿债务时，B 银行应先于 A 银行受偿，应先清偿 B 银行的 2000 万元，剩余1000 万元用于清偿 A 银行。因此，本题的正确答案为 A。

49.【试题答案】A

【试题解析】本题考查重点是"代理关系"。在委托代理中，被代理人所作出的授权行为属于单方的法律行为，仅凭被代理人一方的意思表示，即可以发生授权的法律效力，所以选项 A 错误；被代理人有权随时撤销其授权委托。代理人也有权随时辞去所受委托，所以选项 B、C 正确；但代理人辞去委托时，不能给被代理人和善意第三人造成损失，否则应承担赔偿责任，所以选项 D 正确。因此，本题的正确答案为 A。

50.【试题答案】D

【试题解析】本题考查重点是"施工招标概述"。公开招标的优点是，招标人可以在较广的范围内选择中标人，投标竞争激烈，有利于将工程项目的建设交予可靠的中标人实施并取得有竞争性的报价。但其缺点是，由于申请投标人较多，一般要设置资格预审程序，而且评标的工作量也较大，所需招标时间长、费用高。因此，本题的正确答案为 D。

二、多项选择题

51.【试题答案】ACDE

【试题解析】本题考查重点是"设计合同履行管理"。发包人和设计人必须共同保证施工图设计满足以下条件：①建筑物（包括地基基础、主体结构体系）的设计稳定、安全、可靠；②设计符合消防、节能、环保、抗震、卫生、人防等有关强制性标准、规范；③设计的施工图达到规定的设计深度；④不存在有可能损害公共利益的其他影响。因此，本题的正确答案为 ACDE。

52.【试题答案】ABDE

【试题解析】本题考查重点是"合同履行涉及的几个时间期限"。合同履行中涉及的几个时间期限包括：①合同工期；②施工期；③缺陷责任期；④保修期。因此，本题的正确答案为 ABDE。

53.【试题答案】BC

【试题解析】本题考查重点是"担保方式——质押"。质押是指债务人或者第三人将其动产或权利移交债权人占有，用以担保债权履行的担保。权利质押一般是将权利凭证交付质押人的担保。可以质押的权利包括：①汇票、支票、本票、债券、存款单、仓单、提单；②依法可以转让的股份、股票；③依法可以转让的商标专用权、专利权、著作权中的财产权；④依法可以质押的其他权利。在本题中，以汇票作为担保的方式是质押，且汇票作为权力凭证应当交付债权人保管。因此，本题的正确答案为 BC。

54.【试题答案】CDE

【试题解析】本题考查重点是"合同法律关系的构成"。法人可以分为企业法人和非企业法人两大类，非企业法人包括行政法人、事业法人、社团法人。因此，本题的正确答案为 CDE。

55.【试题答案】ABCD

【试题解析】本题考查重点是"工程设计招标管理"。设计招标文件是指导投标人正确编制投标文件的依据，招标人应当根据招标项目的特点和需要编制招标文件。设计招标文件应当包括下列内容：①投标须知，包含所有对投标要求有关的事项；②投标文件格式及主要合同条款；③项目说明书，包括资金来源情况；④设计范围，对设计进度、阶段和深度要求；⑤设计依据的基础资料；⑥设计费用支付方式，对未中标人是否给予补偿及补偿标准；⑦投标报价要求；⑧对投标人资格审查的标准；⑨评标标准和方法；⑩投标有效期；⑪招标可能涉及的其他有关内容。因此，本题的正确答案为 ABCD。

56.【试题答案】ABCE

【试题解析】本题考查重点是"工程建设涉及的主要险种"。建筑工程一切险的被保险人则范围较宽，所有在工程进行期间，对该项工程承担一定风险的有关各方（即具有可保利益的各方），均可作为被保险人。如果被保险人不止一家，则各家接受赔偿的权利以不超过其对保险标的可保利益为限。被保险人具体包括：①业主或工程所有人；②承包人或者分包人；③技术顾问，包括业主聘用的建筑师、工程师及其他专业顾问。因此，本题的正确答案为 ABCE。

57.【试题答案】ABC

【试题解析】本题考查重点是"建设工程勘察合同履行管理"。由于发包人未给勘察人提供必要的工作生活条件而造成停、窝工或来回进出场地，发包人应承担的责任包括：①付给勘察人停、窝工费，金额按预算的平均工日产值计算；②工期按实际延误的工日顺延；③补偿勘察人来回的进出场费和调遣费。因此，本题的正确答案为 ABC。

58.【试题答案】ACDE

【试题解析】本题考查重点是"标准设计施工总承包合同"。设计施工总承包合同的通用条款包括24条，标题分别为：一般约定；发包人义务；监理人；承包人；设计；材料和工程设备；施工设备和临时设施；交通运输；测量放线；施工安全、治安保卫和环境保护；开始工作和竣工；暂停施工；工程质量；试验和检验；变更；价格调整；合同价格与支付；竣工试验和竣工验收；缺陷责任与保修责任；保险；不可抗力；违约；索赔；争议的解决。因此，本题的正确答案为 ACDE。

59.【试题答案】ABE

【试题解析】本题考查重点是"施工招标程序"。选项 A，现场踏勘是指招标人组织投标人对项目的实施现场的经济、地理、地质、气候等客观条件和环境进行的现场调查。选项 B，招标人自行办理招标事宜，应当具有编制招标文件和组织评标的能力。选项 C，评标委员会成员人数为五人以上单数。选项 D，组织投标预备会的时间一般应在投标截止时间 15 日以前进行。选项 E，给潜在投标人准备资格预审文件的时间应不少于 5 日。因此，本题的正确答案为 ABE。

60.【试题答案】AC

【试题解析】本题考查重点是"不可抗力"。通用条款规定，不可抗力造成的损失由发包人和承包人分别承担：①永久工程，包括已运至施工场地的材料和工程设备的损害，以及因工程损害造成的第三者人员伤亡和财产损失由发包人承担；②承包人设备的损坏由承包人承担；③发包人和承包人各自承担其人员伤亡和其他财产损失及其相关费用；④停工损失由承包人承担，但停工期间应监理人要求照管工程和清理、修复工程的金额由发包人承担；⑤不能按期竣工的，应合理延长工期，承包人不需支付逾期竣工违约金。发包人要求赶工的，承包人应采取赶工措施，赶工费用由发包人承担。因此，本题的正确答案为 AC。

61.【试题答案】ABC

【试题解析】本题考查重点是"设备采购合同的主要内容"。《机电产品采购国际竞争性招标文件》中关于合同的内容包括：第一册中的合同通用条款和合同格式；第二册中的合同专用条款。因此，本题的正确答案为 ABC。

62.【试题答案】AD

【试题解析】本题考查重点是"施工招标程序"。选项 A，招标人收到投标文件后应当签收，并在招标文件规定开标时间前不得开启。选项 B，招标人如不具备自行组织招标的能力条件，应当委托招标代理机构办理招标事宜。选项 C，投标人承担自己踏勘现场发生的费用。选项 D，招标人向建设行政主管部门办理申请招标手续。选项 E，招标人根据招标项目的技术、经济特点和需要可以自主决定是否编制标底。因此，本题的正确答案为 AD。

63.【试题答案】AB

【试题解析】本题考查重点是"工程建设涉及的主要险种"。保险人对下列原因造成的损失和费用负责赔偿：①自然事件，指地震、海啸、雷电、飓风、台风、龙卷风、风暴、暴雨、洪水、水灾、冻灾、冰雹、地崩、山崩、雪崩、火山爆发、地面下陷下沉及其他人力不可抗拒的破坏力强大的自然现象；②意外事故，指不可预测的以及被保险人无法控制并造成物质损失或人身伤亡的突发性事件，包括火灾和爆炸。因此，本题的正确答案为 AB。

64.【试题答案】CD

【试题解析】本题考查重点是"设计施工总承包的特点"。我国的标准设计施工总承包合同，分别给出可以补偿或不补偿两种可供发包人选择的合同模式。因此，本题的正确答案为CD。

65.【试题答案】DE

【试题解析】本题考查重点是"担保方式——质押"。可以质押的权利包括：①汇票、支票、本票；②债券、存款单；③仓单、提单；④可以转让的基金份额、股权；⑤可以转让的注册商标专用权、专利权、著作权等知识产权中的财产权；⑥应收账款；⑦法律、行政法规规定可以质押的其他财产权利。因此，本题的正确答案为DE。

66.【试题答案】ABCD

【试题解析】本题考查重点是"工程建设涉及的主要险种"。建筑工程一切险是承保各类民用、工业和公用事业建筑工程项目，包括道路、桥梁、水坝、港口等，在建造过程中因自然灾害或意外事故而引起的一切损失的险种。保险人对下列原因造成的损失和费用负责赔偿：①自然事件，指地震、海啸、雷电、飓风、台风、龙卷风、风暴、暴雨、洪水、水灾、冻灾、冰雹、地崩、山崩、雪崩、火山爆发、地面下陷下沉及其他人力不可抗拒的破坏力强大的自然现象；②意外事故，指不可预料的以及被保险人无法控制并造成物质损失或人身伤亡的突发性事件，包括火灾和爆炸。选项E中，大气（气候或气温）变化造成的保险财产自身的损失和费用属于建筑工程一切险的除外责任，保险人对此损失不负责赔偿。因此，本题的正确答案为ABCD。

67.【试题答案】CDE

【试题解析】本题考查重点是"代理关系"。代理是代理人在代理权限内，以被代理人的名义实施的、其民事责任由被代理人承担的法律行为。以代理权产生的依据不同，可将代理分为委托代理、法定代理和指定代量。因此，本题的正确答案为CDE。

68.【试题答案】ABDE

【试题解析】本题考查重点是"施工合同标准文本"。合同协议书是合同组成文件需要发包人和承包人同时签字盖章的法律文书，因此标准施工合同中规定了应用格式。除了明确规定对当事人双方有约束力的合同组成文件外，具体招标工程项目订立合同时需要明确填写的内容仅包括发包人和承包人的名称；施工的工程或标段；签约合同价；合同工期；质量标准和项目经理的人选。因此，本题的正确答案为ABDE。

69.【试题答案】BDE

【试题解析】本题考查重点是"交货检验"。现场交货数量验收的方法：①衡量法；②理论换算法；③查点法。因此，本题的正确答案为BDE。

70.【试题答案】BDE

【试题解析】本题考查重点是"施工合同的订立——合同文件"。标准施工合同文件组成中的投标函，不同于《建设工程施工合同（示范文本）》（GF－2013－0201）规定的投标书及其附件，仅是投标人置于投标文件首页的保证中标后与发包人签订合同、按照要求提供履约担保、按期完成施工任务的承诺文件。因此，本题的正确答案为BDE。

71.【试题答案】BE

【试题解析】本题考查重点是"施工合同标准文本"。由于通用条款的内容涵盖各类工程项目施工共性的合同责任和履行管理程序，各行业可以结合工程项目施工的行业特点编制标准施工合同文本在专用条款内体现，具体招标工程在编制合同时，应针对项目的特点、招标人的要求，在专用条款内针对通用条款涉及的内容进行补充、细化。因此，本题的正确答案为 BE。

72.【试题答案】ABCD

【试题解析】本题考查重点是"建设工程合同管理的基本方法"。建设工程合同管理的基本方法有：①严格执行建设工程合同管理法律法规；②普及相关法律知识，培训合同管理人才；③设立合同管理机构，配备合同管理人员；④建立合同管理目标制度。因此，本题的正确答案为 ABCD。

73.【试题答案】ABC

【试题解析】本题考查重点是"建设工程勘察设计合同概念"。为了保证勘察、设计合同的内容完备、责任明确、风险责任分担合理，原建设部和国家工商行政管理局联合颁布了《建设工程勘察合同示范文本》和《建设工程设计合同示范文本》。因此，本题的正确答案为 ABC。

74.【试题答案】BCDE

【试题解析】本题考查重点是"标准施工招标文件"。投标邀请书（代资格预审通过通知书）适用于进行资格预审的公开招标或邀请招标，对通过资格预审申请投标人的投标邀请通知书。包括被邀请单位名称、购买招标文件的时间、售价、投标截止时间、收到邀请书的确认时间和联系方式等内容。因此，本题的正确答案为 BCDE。

75.【试题答案】BDE

【试题解析】本题考查重点是"设计施工总承包合同的订立——合同文件"。设计施工总承包合同规定，发包人要求文件应说明 11 个方面的内容，其中工程项目管理规定包括：质量、进度、支付、健康、安全与环境管理体系、沟通、变更等。因此，本题的正确答案为 BDE。

76.【试题答案】ACD

【试题解析】本题考查重点是"施工合同的订立——合同文件"。中标通知书是招标人接受中标人的书面承诺文件，具体写明承包的施工标段、中标价、工期、工程质量标准和中标人的项目经理名称。因此，本题的正确答案为 ACD。

77.【试题答案】ABCD

【试题解析】本题考查重点是"施工招标程序"。《招标投标法》第 13 条规定，"招标代理机构应当具备下列资格条件：①有从事招标代理业务的营业场所和相应资金；②有能够编制招标文件和组织评标的相应专业力量；③有符合法定条件、可以作为评标委员会成员人选的技术、经济等方面的专家库。"因此，本题的正确答案为 ABCD。

78.【试题答案】ABDE

【试题解析】本题考查重点是"合同法律关系的构成"。合同法律关系主体是参加合同法律关系，享有相应权利、承担相应义务的自然人、法人和其他组织，为合同当事人。法人可以分为企业法人和非企业法人两大类，非企业法人包括行政法人、事业法人、社团法人。因此，本题的正确答案为 ABDE。

79.【试题答案】BE

【试题解析】本题考查重点是"交货检验"。合同履行过程中，经常会发生发货数量与实际验收数量不符，或实际交货数量与合同约定的交货数量不符的情况。其原因可能是供货方的责任，也可能是运输部门的责任，或由于运输过程中的合理损耗。前两种情况要追究有关方的责任。第三种情况则应控制在合理的范围之内，所以选项 A 错误；有关行政主管部门对通用的物资和材料规定了货物交接过程中允许的合理磅差和尾差界限，如果合同约定供应的货物无规定可循，也应在条款内约定合理的差额界限，以免交接验收时发生合同争议，所以选项 B 正确；交付货物的数量在合理的尾差和磅差内，不按多交或少交对待，对方互不退补。超过界限范围时，按合同约定的方法计算多交或少交部分的数量，所以选项 C 错误；合同内对磅差和尾差规定出合理的界限范围，既可以划清责任，还可为供货方合理组织发运提供灵活变通的条件。如果超过合理范围，则按实际交货数量计算。在计算多交或少交数量时，应按订购数量与实际交货数量比较，均不再考虑合理磅差和尾差因素，所以选项 D 错误；在保修期内，凡检测不合格的物资或设备，均由供货方负责，所以选项 E 正确。因此，本题的正确答案为 BE。

80.【试题答案】ABC

【试题解析】本题考查重点是"标准施工招标文件"。评标办法分为经评审的最低投标价法和综合评估法，供招标人根据项目具体特点和实际需要选择适用。每种评标办法都包括评标办法前附表和正文。正文包括评标办法、评审标准和评标程序等内容。因此，本题的正确答案为 ABC。

第六套模拟试卷

一、单项选择题（共 50 题，每题 1 分。每题的备选项中，只有 1 个最符合题意）

1. 监理人应在收到承包人的变更合同价款报告后（   ）天内，对承包人的要求予以确认或做出其他答复。

    A. 7
                                     B. 14

    C. 15
                                     D. 28

2. 履约保证的有效期限从提交履约保证起，一般情况到保修期满并颁发保修责任终止证书后（   ）止。

    A. 15 天或 14 天
                  B. 15 天或 10 天

    C. 15 天
                             D. 10 天

3. 下列关于设计施工总承包合同模式下分包工程的说法错误的是（   ）。

    A. 承包人不得将其承包的全部工程肢解后以分包的名义分别转包给第三人

    B. 发包人已同意投标文件中说明的分包，分包工作仍需要经发包人同意

    C. 承包人不得将设计和施工的主体、关键性工作的施工分包给第三人

    D. 分包人的资质能力不需要经过监理人审查

4. （   ）担保方式必须依法行使，不能通过合同约定产生。

    A. 保证
                                    B. 抵押

    C. 留置
                                    D. 定金

5. 连带责任保证的债务人在主合同规定的债务履行期届满没有履行债务的，债权人（   ）。

    A. 只能要求债务人履行债务

    B. 只能要求保证人履行债务

    C. 不得要求债务人履行债务，但可以要求保证人在其保证范围内承担保证责任

    D. 可以要求债务人履行债务，也可以要求保证人在其保证范围内承担保证责任

6. 根据《建设工程施工合同（示范文本）》的规定，停工期间，承包人应工程师要求留在施工场地的必要的管理人员及保卫人员的费用由（   ）承担。

    A. 发包人
                                    B. 承包人

    C. 工程师
                               D. 承包人和发包人共同

7. 施工企业授权项目经理在授权范围内进行施工管理，项目经理为施工企业实施采购材料的行为属于（   ）。

    A. 职务代理
                                   B. 指定代理

    C. 法定代理
                                 D. 委托代理

8. 设计合同示范文本规定，方案设计文件的设计深度应能满足（   ）的需要。

    A. 控制概算
                                   B. 编制招标文件

C. 施工图设计　　　　　　　　　　D. 非标准设备制作

9. （　　）负责支付咨询顾问费用，（　　）负责支付专业分包商的费用。

  A. 雇主，承包商　　　　　　　　　B. 雇主，项目经理

  C. 承包商，雇主　　　　　　　　　D. 承包商，项目经理

10. 对工程项目招标人而言，与公开招标相比，邀请招标的缺点是（　　）。

  A. 评标的工作量小　　　　　　　　B. 选择中标人的范围窄

  C 评标时间短　　　　　　　　　　D. 招标费用低

11. 设计施工总承包合同文件中，承包人文件中最主要的是（　　），需在专用条款约定承包人向监理人陆续提供文件的内容、数量和时间。

  A. 施工文件　　　　　　　　　　　B. 采购文件

  C. 分包文件　　　　　　　　　　　D. 设计文件

12. 设计施工总承包合同模式下，履约保函担保承包商按合同约定履行义务的期限为（　　）。

  A. 从签订合同日起，至缺陷通知期结束

  B. 从签订合同日起，至完成施工义务

  C. 从工程开工日起，至完成保修义务

  D. 从工程开工日起，至颁发工程接收证书日止

13. 监理人直接向分包人发布了错误指令，分包人经承包人确认后实施，但该错误指令导致分包工程返工，为此分包人向承包人提出费用索赔，承包人（　　）。

  A. 以不属于自己的原因拒绝索赔要求

  B. 认为要求合理，先行支付后再向业主索赔

  C. 不予支付，以自己的名义向工程师提交索赔报告

  D. 不予支付，以分包商的名义向工程师提交索赔报告

14. 在国外，建筑工程一切险的投保人一般是（　　）。

  A. 业主　　　　　　　　　　　　　B. 承包人

  C. 监理人　　　　　　　　　　　　D. 发包人

15. 由业主订购的部分设备延误到货，安装工程分包商被迫停工。安装工程分包商受到损失的索赔报告应（　　）。

  A. 提交给业主　　　　　　　　　　B. 提交给工程师

  C. 提交给承包商　　　　　　　　　D. 分别提交给业主和承包商

16. 下列选项中，关于定金罚则的说法，正确的是（　　）。

  A. 合同中支付的预付款可按定金处理

  B. 债务人履行债务后定金必须收回

  C. 给付定金一方不履行约定债务的，仍可要求返还定金

  D. 收受定金一方不履行约定债务的，应双倍返还定金

17. 在预付款起扣点后的工程进度款支付时，按本期承包商应得的金额中减去后续支付的预付款和应扣保留金后款额的（　　），作为本期应扣还的预付款。

  A. 15%　　　　　　　　　　　　　B. 25%

  C. 35%　　　　　　　　　　　　　D. 45%

18. 建设工程材料设备采购合同，是出卖人转移建设工程材料设备的（　　）于买受人，买受人支付价款的合同。

    A. 使用权   B. 销售权

    C. 购买权   D. 所有权

19. 承包人的设计文件提交监理人后，发包人应组织设计审查，合同约定的审查期限届满，发包人没有做出审查结论也没有提出异议，（　　）。

    A. 应进行修改之后，再次提交

    B. 发出通知，催促其提出审查结论

    C. 视为承包人的设计文件已经获得发包人同意

    D. 不得进行下一步的工作

20. 永久工程的大型设备一般情况下由（　　）采购。

    A. 供货人   B. 承包人

    C. 监理人   D. 发包人

21. 采购方在合理期间内未通知或者自标的物收到之日起（　　）年内未通知出卖人的，视为标的物的质量符合约定。

    A. 两   B. 三

    C. 四   D. 五

22. （　　）是指购买的标的物要分批交付。

    A. 货样买卖   B. 试用买卖

    C. 分期交付买卖   D. 分期付款买卖

23. 风险型 CM 合同采用（　　）的计价方式，成本部分由雇主承担，CM 承包商获取约定的酬金。

    A. 成本加酬金   B. 成本加费用

    C. 酬金加费用   D. 成本加奖金

24. 下列各项中，不属于设备采购合同采购的设备的是（　　）。

    A. 发电机   B. 发动机

    C. 塔吊   D. 钢

25. （　　）是针对签订合同时雇主和承包商都无法合理预见的不利于施工的外界条件影响，使承包商增加了施工成本和工期延误，应给承包商的损失相应补偿的条款。

    A. 合理预见的物质条件   B. 不合理预见的物质条件

    C. 可预见的物质条件   D. 不可预见的物质条件

26. 索赔事件发生后，承包人应在索赔事件发生后的（　　）天内向工程师递交索赔意向通知，声明将对此事件提出索赔。

    A. 5   B. 15

    C. 21   D. 28

27. FIDIC《施工合同条件》进一步规定，（　　）在确定最终费用补偿额时，还应当审查承包商在过去类似部分的施工过程中，是否遇到过比招标文件给出的更为有利的施工条件而节约施工成本的情况。

    A. 工程师   B. 监理人

C. 发包人　　　　　　　　　　　D. 雇主

28. 依据施工合同示范文本规定，索赔事件发生后的 28 天内，承包人应向监理人递交（　　）。

A. 现场同期记录　　　　　　　　B. 索赔意向通知书

C. 索赔报告　　　　　　　　　　D. 索赔证据

29. FIDIC《施工合同条件》规定（　　）类情况属于变更的范畴。

A. 3　　　　　　　　　　　　　B. 4

C. 5　　　　　　　　　　　　　D. 6

30. 根据 FIDIC 施工合同条件部分条款的规定，助手在授权范围内向（　　）发出的指示，具有与工程师指示同样的效力。

A. 监理人　　　　　　　　　　　B. 发包人

C. 承包人　　　　　　　　　　　D. 受包人

31. 设计施工总承包合同模式下，总监理工程师可以授权其他监理人员负责执行其指派的一项或多项监理工作。（　　）应将被授权监理人员的（　　）通知承包人。

A. 发包人，姓名及其授权范围

B. 发包人，职能分工及监理权限

C. 总监理工程师，姓名及其授权范围

D. 总监理工程师，职能分工及监理权限

32. 承包商运抵现场的施工设备，该设备已经使用完毕，后期施工不再使用该设备，正确的做法为（　　）。

A. 承包人可自行调运到其他工地

B. 至竣工结束，不得运出工地

C. 经过工程师书面同意后，可以提前撤出工地

D. 经过业主书面同意后，可以提前撤出工地

33. 建设工程施工招标的评标专家应从事相关专业领域工作满（　　）年并具有高级职称或者同等专业水平，并且熟悉有关招标投标的法律法规，具有与招标项目相关的实践经验，能够认真、公正、诚实、廉洁地履行职责。

A. 三　　　　　　　　　　　　　B. 五

C. 七　　　　　　　　　　　　　D. 八

34. 法律事实是指能够引起合同法律关系产生、变更和消灭的客观现象和事实，法律事实包括（　　）。

A. 社会事件与合法行为　　　　　B. 自然与非自然

C. 事件和行为　　　　　　　　　D. 主体与客体

35. （　　）是一种约定的担保物权，以转移占有为特征。

A. 抵押　　　　　　　　　　　　B. 抵押权

C. 质押　　　　　　　　　　　　D. 质权

36. （　　）的管理理念和合同原则是 NEC 系列其他合同编制的基础。

A. 工程施工合同　　　　　　　　B. 专业服务合同

C. 评判人合同　　　　　　　　　D. 定期合同

37.（　　）是指货物交接的具体时间要求。

    A. 货物的交货期限　　　　　　　　B. 货物的提货期限

    C. 货物的交（提）货期限　　　　　D. 货物的交（接）货期限

38. FIDIC 标准合同文本中的（　　　），适用于由承包商按照雇主要求进行设计、生产设备制造和安装的电力、机械、房屋建筑等工程的合同。

    A.《施工合同条件》（1999 年版）

    B.《生产设备和设计-施工合同条件》（1999 年版）

    C.《设计采购施工（EPC）/交钥匙工程合同条件》（1999 年版）

    D.《简明合同格式》（1999 年版）

39. 监理人首先应争取通过与发包人和承包人协商达成索赔处理的一致意见，如果分歧较大，再单独确定追加的付款和（或）延长的工期。监理人应在（　　　）后的 42 天内，将索赔处理结果答复承包人。

    A. 不批准承包人的索赔要求

    B. 收到索赔通知书或有关索赔的进一步证明材料

    C. 将该事件确认为承包人责任

    D. 认定索赔不成立

40. 在全部设计施工阶段的总承包合同工作中，视为（　　　）已充分估计了应承担的责任和风险。

    A. 工程师　　　　　　　　　　　　B. 承包人

    C. 监理人　　　　　　　　　　　　D. 分包人

41. 建设工程材料设备采购合同具有（　　）的一般特点。

    A. 买卖合同　　　　　　　　　　　B. 无偿合同

    C. 实践性合同　　　　　　　　　　D. 单务合同

42. 根据 FIDIC 施工合同条件部分条款的规定，处理施工过程中有关问题时应保持（　　　）的态度。

    A. 公开　　　　　　　　　　　　　B. 公平

    C. 公正　　　　　　　　　　　　　D. 严谨

43. 分期付款的买受人未支付到期价款的金额达到全部价款的（　　　），出卖人可以要求买受人支付全部价款或者解除合同。出卖人解除合同的，可以向买受人要求支付该标的物的使用费。

    A. 三分之一　　　　　　　　　　　B. 四分之一

    C. 五分之一　　　　　　　　　　　D. 六分之一

44. 设计施工总承包合同文件规定中，（　　　）是对"发包人要求"的响应文件。

    A. 承包人建议书　　　　　　　　　B. 合同协议书

    C. 专用条款　　　　　　　　　　　D. 通用合同条款

45. 下列选项中属于对招标人的招标能力要求的是（　　　）。

    A. 有组织开标、评标、定标的能力

    B. 有从事招标代理业务的经营场所和相应资金

    C. 有能够编制招标文件和组织评标的相应专业能力

D. 有可以作为评标委员会成员人选的技术、经济等方面的"专家库"

46. 承包商提交竣工验收申请报告后，由于雇主应负责的外界条件不具备而不能正常进行竣工试验达到（　　）天以上，为了合理确定承包商的竣工时间和该部分工程移交雇主及时发挥效益，规定工程师应颁发接收证书。

    A. 10   B. 12
    C. 14   D. 15

47. 在合同履行过程中，承包人违反合同规定，监理人发出整改通知（　　）天后，承包人仍不纠正违约行为，发包人可以向承包人发出解除合同通知。

    A. 1   B. 14
    C. 28   D. 56

48. 为了保证设计指导思想连续地贯彻于设计的各个阶段，一般不单独进行（　　）招标，由中标的设计单位承担该任务。

    A. 勘察   B. 施工图设计
    C. 技术设计   D. 初步设计

49. 理论换算法的换算依据是（　　）。

    A. 政策规定   B. 计量单位
    C. 监理工程师的决定   D. 合同约定的换算标准

50. 建筑一座楼房的施工承包合同内规定，承包商在竣工结算后不能按时获得工程款时有权留置工程。若开发商资不抵债破产后，承建商行使留置权是指（　　）。

    A. 依法没收该栋楼

    B. 依法变卖该栋楼后，与其他债权人按债权比例分配变卖价款

    C. 依法变卖该栋楼后，从中优先受偿全部拖欠工程款

    D. 将该栋楼提交法院予以冻结

二、多项选择题（共30题，每题2分。每题的备选项中，有2个或2个以上符合题意，至少有1个错项。错选，本题不得分；少选，所选的每个选项得0.5分）

51. 按照施工合同内不可抗力条款的规定，下列事件中属于不可抗力的有（　　）。

    A. 龙卷风导致吊车倒塌   B. 地震导致主体建筑物的开裂
    C. 承包人管理不善导致的仓库爆炸   D. 承包人拖欠雇员工资导致的动乱
    E. 非发包人和承包人责任发生的火灾

52. 作为合同法律关系主体的自然人必须具备相应的（　　）。

    A. 民事权利能力   B. 民事行为能力
    C. 刑事权利能力   D. 刑事行为能力
    E. 自主行为能力

53. 招标准备阶段招标人的主要工作包括（　　）。

    A. 向建设行政主管部门办理申请招标手续   B. 选择招标方式
    C. 发布招标公告   D. 编制招标有关文件
    E. 资格预审

54. 施工企业从银行借款时，可以作为抵押物的有（　　）。

A. 施工企业所有的汽车　　　　　　　B. 施工企业所有的支票

C. 施工企业有处分权的国有土地使用权　D. 施工企业自有的建筑施工机具

E. 施工企业所有的房产

55. 工程设计招标文件的内容包括(　　)。

A. 设计文件编制依据　　　　　　　　B. 国家有关行政主管部门对规划方面的要求

C. 技术经济指标要求　　　　　　　　D. 整体布局要求

E. 结构形式方面的要求

56. 保证担保的范围包括(　　)。

A. 抵押物的全款　　　　　　　　　　B. 主债权及利息

C. 违约金　　　　　　　　　　　　　D. 损害赔偿金

E. 实现债权的费用

57. 如果发包人希望在整体工程竣工前提前发挥部分区段工程的效益,应在专用条款内(　　)。

A. 约定分部移交区段的时间　　　　　B. 约定分部移交区段的名称

C. 约定分部移交区段的地点　　　　　D. 区段工程应达到的要求

E. 区段工程应达到的目标

58. 下列机电产品可以不进行国际招标的是(　　)。

A. 外商投资企业投资总额内进口的机电产品

B. 一次性采购产品合同估算价格 150 万元人民币

C. 供生产企业研究开发用的样品样机

D. 产品生产商优惠供货时,优惠金额超过产品合同估算价格 50% 的机电产品

E. 供产品维修用的零件及部件

59. 根据《担保法》的规定,能够留置的财产仅限于动产,且只有因(　　)发生的债权,债权人才有可能实施留置。

A. 买卖合同　　　　　　　　　　　　B. 仓储合同

C. 保管合同　　　　　　　　　　　　D. 运输合同

E. 加工承揽合同

60. 标准施工合同条款中未明确由谁来解释文件之间的歧义,但可以结合监理工程师职责中的规定,总监理工程师应与(　　)进行协商,尽量达成一致。

A. 项目经理　　　　　　　　　　　　B. 发包人

C. 受包人　　　　　　　　　　　　　D. 承包人

E. 分包人

61. 材料采购合同采购的是建筑材料,包括(　　)。

A. 木材　　　　　　　　　　　　　　B. 玻璃

C. 电线　　　　　　　　　　　　　　D. 水管

E. 发电机

62. 设计投标书的评审内容主要包括(　　)。

A. 设计方案的优劣　　　　　　　　　B. 设计进度快慢

C. 投入、产出经济效益比较　　　　　D. 参与人员的权威性

E. 设计资历和社会信誉

63. 下列有关隐蔽工程与重新检验提法中正确的有（　　）。
    A. 承包人自检后书面通知工程师验收
    B. 工程师接到承包人的通知后，应在约定的时间与承包人共同检验
    C. 若工程师未能按时提出延期检验要求，又未能按时参加验收，承包人可自行检验
    D. 若工程师已经在验收合格记录上签字，只有当有确切证据证明工程有问题的情况下才能要求承包人对已隐蔽的工程进行重新检验
    E. 重新检验如果不合格，应由承包人承担全部费用，工期不予顺延

64. 材料、通用型设备采购招标，划分采购包装主要考虑的因素有（　　）。
    A. 有利于投标竞争　　　　　　　　B. 工程进度与供货时间的关系
    C. 市场供应情况　　　　　　　　　D. 资金计划
    E. 售后服务

65. 发包人有权凭履约保证向银行或者担保公司索取保证金作为赔偿的情况有（　　）。
    A. 施工过程中，承包人中途毁约　　B. 施工过程中，承包人任意中断工程
    C. 施工过程中，承包人按规定施工　D. 承包人破产
    E. 承包人倒闭

66. 按照《建设工程项目总承包管理规范》GB/T 50358—2005 的规定，建设工程项目总承包是指对工程项目的（　　）的全过程或部分过程进行承包。
    A. 设计　　　　　　　　　　　　　B. 采购
    C. 施工　　　　　　　　　　　　　D. 正式运行
    E. 安装

67. 我国标准施工合同依据《中华人民共和国合同法》的规定，不可抗力事件后果的责任的划分包括（　　）。
    A. 以施工现场人员和财产的归属
    B. 由于承包商的中标合同价内未包括不可抗力损害的风险费用
    C. 发包人和承包人各自承担本方的损失
    D. 由于投标人的中标合同价内未包括不可抗力损害的风险费用
    E. 延误的工期相应顺延

68. 指定分包商条款的具体表现包括（　　）。
    A. 招标文件中已说明了指定分包商的工作内容
    B. 承包商有合法理由时，可以拒绝与雇主选定的具体分包单位签订指定分包合同
    C. 给指定分包商支付的工程款，从承包商投标报价中已摊入应回收的间接费、税金、风险费的暂定金额内支出
    D. 承包商对指定分包商的施工协调收取相应的管理费
    E. 承包商对指定分包商的违约不承担责任

69. 设计施工总承包合同文件中（　　）的含义与标准施工合同的规定相同。
    A. 中标通知书　　　　　　　　　　B. 合同协议书
    C. 投标函及附录　　　　　　　　　D. 发包人要求
    E. 其他合同文件

70. 施工图设计包括(   )。

    A. 建筑设计   B. 结构设计

    C. 设备设计   D. 总体设计

    E. 方案设计

71. 设计施工总承包合同规定，发包人要求文件说明的其他要求包括(   )。

    A. 对承包人的主要人员资格要求   B. 承包、设备供应商

    C. 相关审批、核准和备案手续的办理   D. 对项目业主人员的操作培训

    E. 缺陷责任期的服务要求

72. 下列财产可以作为抵押物的有(   )。

    A. 以招标方式取得的荒地等土地承包经营权

    B. 以拍卖方式取得的荒地等土地承包经营权

    C. 以公开协商方式取得的荒地等土地承包经营权

    D. 所有权、使用权不明的财产

    E. 有争议的财产

73. 应用不可预见的物质条件条款扣减施工节约成本的关键点包括(   )。

    A. 承包商未依据此条款提出索赔，工程师不得对以往承包人在有利条件下施工节约的成本主动扣减

    B. 扣减以往节约成本部分是与本次索赔在施工性质、施工组织和方法相类似部分，如果不类似的施工部位节约的成本不涉及扣除

    C. 有利部分只涉及以往，以后可能节约的部分不能作为扣除的内容

    D. 以往类似部分施工节约成本的扣除金额，最多不能大于本次索赔对承包商损失应补偿的金额

    E. 不可预见的物质条件给承包商造成的损失应给予补偿，承包商以往类似情况节约的成本也应做适当的抵消

74. 《机电产品采购国际竞争性招标文件》中关于合同的内容，其第一册包括(   )。

    A. 合同通用条款   B. 合同专用条款

    C. 合同格式   D. 合同标题

    E. 合同内容

75. 交货质量检验中，约定质量标准的一般原则是(   )。

    A. 购方有特殊要求时，按双方在合同中商定的技术条件、样品或补充的技术要求执行

    B. 无国家标准而有部颁标准的，按部颁标准执行

    C. 没有国家标准和部颁标准的产品，按企业标准执行

    D. 按颁布的国家标准执行

    E. 无国家标准而有当地标准的，按当地标准执行

76. 下列各项中，属于建筑市场中各方主体的有(   )。

    A. 建设单位   B. 勘察设计单位

    C. 监理单位   D. 质量检验单位

    E. 材料设备供应单位

77. 根据《建设工程设计合同》，设计人完成的初步设计文件的深度应满足（　　　）的需要。

　　A. 编制招标文件　　　　　　　　　　B. 控制工程概算

　　C. 编制施工图设计　　　　　　　　　D. 订购主设备

　　E. 制作非标准部件

78. 设计施工总承包合同文件中规定，承包人建议书包括（　　　）。

　　A. 分包人的施工方案　　　　　　　　B. 承包人的工程设计方案和设备方案的说明

　　C. 分包方案　　　　　　　　　　　　D. 承包方案

　　E. 对发包人要求中的错误说明

79. 按照《招标投标法》，关于招标方式的说法，正确的有（　　　）。

　　A. 公开招标的投标人不受地域和行业限制

　　B. 议标是招标方式的一种

　　C. 竞争性谈判是招标方式的一种

　　D. 邀请招标不能限制投标人的数量

　　E. 公开招标意味着招标时间长、费用高

80. 材料采购合同履行中，供货方交付产品时，可以作为双方验收依据的有（　　　）。

　　A. 供货方提供的装箱单　　　　　　　B. 施工合同对材料的要求

　　C. 合同约定的质量标准　　　　　　　D. 产品检验单

　　E. 双方当事人共同封存的样品

第六套模拟试卷参考答案、考点分析

一、单项选择题

1.【试题答案】B

【试题解析】本题考查重点是"变更管理"。监理人收到承包人变更报价书后的14天内，根据合同约定的估价原则，商定或确定变更价格。因此，本题的正确答案为B。

2.【试题答案】A

【试题解析】本题考查重点是"保证在建设工程中的应用"。履约保证的有效期限从提交履约保证起，一般情况到保修期满并颁发保修责任终止证书后15天或14天止。如果工程拖期，不论何种原因，承包人都应与发包人协商，并通知保证人延长保证有效期，防止发包人借故提款。因此，本题的正确答案为A。

3.【试题答案】D

【试题解析】本题考查重点是"设计施工总承包合同管理有关各方的职责"。通用条款中对工程分包做了如下的规定：①承包人不得将其承包的全部工程转包给第三人，也不得将其承包的全部工程肢解后以分包的名义分别转包给第三人；②分包工作需要征得发包人同意。发包人已同意投标文件中说明的分包，合同履行过程中承包人还需要分包的工作，仍应征得发包人同意；③承包人不得将设计和施工的主体、关键性工作的施工分包给第三人。要求承包人是具有实施工程设计和施工能力的合格主体，而非皮包公司；④分包人的资格能力应与其分包工作的标准和规模相适应，其资质能力的材料应经监理人审查；⑤发包人同意分包的工作，承包人应向发包人和监理人提交分包合同副本。因此，本题的正确答案为D。

4.【试题答案】C

【试题解析】本题考查重点是"担保方式——留置"。留置权以债权人合法占有对方财产为前提，并且债务人的债务已经到了履行期。比如，在承揽合同中，定作方逾期不领取其定作物的，承揽方有权将该定作物折价、拍卖、变卖，并从中优先受偿。由于留置是一种比较强烈的担保方式，必须依法行使，不能通过合同约定产生留置权。因此，本题的正确答案为C。

5.【试题答案】D

【试题解析】本题考查重点是"担保方式——保证"。连带责任保证是指当事人在保证合同中约定保证人与债务人对债务承担连带责任的保证。连带责任保证的债务人在主合同规定的债务履行期届满没有履行债务的，债权人可以要求债务人履行债务，也可以要求保证人在其保证范围内承担保证责任。因此，本题的正确答案为D。

6.【试题答案】A

【试题解析】本题考查重点是"不可抗力"。停工损失由承包人承担，但停工期间应监理人要求照管工程和清理、修复工程的金额由发包人承担。因此，本题的正确答案为A。

7.【试题答案】D

【试题解析】本题考查重点是"代理关系"。在工程建设中涉及的代理主要是委托代理，如项目经理作为施工企业的代理人、总监理工程师作为监理单位的代理人等，当然，授权行为是由单位的法定代表人代表单位完成的。因此，本题的正确答案为D。

8.【试题答案】A

【试题解析】本题考查重点是"订立设计合同时应约定的内容"。方案设计文件应当满足编制初步设计文件和控制概算的需要；初步设计文件，应当满足编制施工招标文件、主要设备材料订货和编制施工图设计文件的需要；施工图设计文件应当满足设备材料采购、非标准设备制作和施工的需要，并注明建设工程合理使用年限。具体内容要根据项目的特点在合同内约定。因此，本题的正确答案为A。

9.【试题答案】A

【试题解析】本题考查重点是"英国NEC合同文本"。伙伴系协议明确各方工作应达到的关键考核指标，以及完成考核指标后应获得的奖励。雇主负责支付咨询顾问费用，承包商负责支付专业分包商的费用。因此，本题的正确答案为A。

10.【试题答案】B

【试题解析】本题考查重点是"施工招标概述"。邀请招标的缺点是，由于邀请的范围较小，选择面窄，可能排斥了某些在技术或报价上有竞争实力的潜在投标人，因此投标竞争的激烈程度相对较差。因此，本题的正确答案为B。

11.【试题答案】D

【试题解析】本题考查重点是"设计施工总承包合同的订立——订立合同时需要明确的内容"。承包人文件中最主要的是设计文件，需在专用条款约定承包人向监理人陆续提供文件的内容、数量和时间。因此，本题的正确答案为D。

12.【试题答案】C

【试题解析】本题考查重点是"履约担保"。承包人应保证其履约担保在发包人颁发工程接收证书前一直有效。如果合同约定需要进行竣工后试验，承包人应保证其履约担保在竣工后试验通过前一直有效。因此，本题的正确答案为C。

13.【试题答案】C

【试题解析】本题考查重点是"施工分包合同履行管理"。如果认为分包人的索赔要求合理，及时按照主合同规定的索赔程序，以承包人的名义就该事件向监理人递交索赔报告。因此，本题的正确答案为C。

14.【试题答案】B

【试题解析】本题考查重点是"工程建设涉及的主要险种"。在国外，建筑工程一切险的投保人一般是承包人。如FIDIC《施工合同条件》要求，承包商以承包商和业主的共同名义对工程及其材料、配套设备装置投保保险。因此，本题的正确答案为B。

15.【试题答案】C

【试题解析】本题考查重点是"施工分包合同履行管理"。分包合同履行过程中，当分包商认为自己的合法权益受到损害，不论事件起因于业主或工程师的责任，还是承包商应承担的义务，他都只能向承包商提出索赔要求，并保持影响事件发生后的现场同期记录。因此，本题的正确答案为C。

16.【试题答案】D

【试题解析】本题考查重点是"担保方式——定金"。定金，是指当事人双方为了保证债务的履行，约定由当事人一方先行支付给对方一定数额的货币作为担保，所以选项 A 错误；债务人履行债务后，定金应当抵作价款或收回，所以选项 B 错误；给付定金的一方不履行约定债务的，无权要求返还定金，所以选项 C 错误；收受定金的一方不履行约定债务的，应当双倍返还定金，所以选项 D 正确。因此，本题的正确答案为 D。

17. 【试题答案】B

【试题解析】本题考查重点是"FIDIC 施工合同条件部分条款"。在预付款起扣点后的工程进度款支付时，按本期承包商应得的金额中减去后续支付的预付款和应扣保留金后款额的 25％，作为本期应扣还的预付款。因此，本题的正确答案为 B。

18. 【试题答案】D

【试题解析】本题考查重点是"建设工程材料设备采购合同的概念"。建设工程材料设备采购合同，是出卖人转移建设工程材料设备的所有权于买受人，买受人支付价款的合同。因此，本题的正确答案为 D。

19. 【试题答案】C

【试题解析】本题考查重点是"设计管理"。合同约定的审查期限届满，发包人没有做出审查结论也没有提出异议，视为承包人的设计文件已获发包人同意。因此，本题的正确答案为 C。

20. 【试题答案】D

【试题解析】本题考查重点是"建设工程材料设备采购合同的特点"。建设工程材料设备采购合同的买受人即采购人，可以是发包人，也可能是承包人，依据合同的承包方式来确定。永久工程的大型设备一般情况下由发包人采购。因此本题的正确答案为 D。

21. 【试题答案】A

【试题解析】本题考查重点是"交货检验"。采购方在合理期间内未通知或者自标的物收到之日起两年内未通知出卖人的，视为标的物的质量符合约定，但对标的物有质量保证期的，适用质量保证期，不适用该两年的规定。因此，本题的正确答案为 A。

22. 【试题答案】C

【试题解析】本题考查重点是"建设工程材料设备采购合同的分类"。分期交付买卖，是指购买的标的物要分批交付。因此，本题的正确答案为 C。

23. 【试题答案】A

【试题解析】本题考查重点是"美国 AIA 合同文本"。风险型 CM 合同采用成本加酬金的计价方式，成本部分由雇主承担，CM 承包商获取约定的酬金。因此，本题的正确答案为 A。

24. 【试题答案】D

【试题解析】本题考查重点是"建设工程材料设备采购合同的分类"。设备采购合同采购的设备，既可能是安装于工程中的设备，如安装在电力工程中的发电机、发动机等，也包括在施工过程中使用的设备，如塔吊等。因此，本题的正确答案为 D。

25. 【试题答案】D

【试题解析】本题考查重点是"FIDIC 施工合同条件部分条款"。"不可预见的物质条件"是针对签订合同时雇主和承包商都无法合理预见的不利于施工的外界条件影响，使承包商增加了施工成本和工期延误，应给承包商的损失相应补偿的条款。因此，本题的正确答案为 D。

26. 【试题答案】D

【试题解析】本题考查重点是"索赔管理"。承包人应在索赔事件发生后的 28 天内,向监理人递交索赔意向通知书,并说明发生索赔事件的事由。承包人未在前述 28 天内发出索赔意向通知书,丧失要求追加付款和（或）延长工期的权利。因此,本题的正确答案为 D。

27. 【试题答案】A

【试题解析】本题考查重点是"FIDIC 施工合同条件部分条款"。FIDIC《施工合同条件》进一步规定,工程师在确定最终费用补偿额时,还应当审查承包商在过去类似部分的施工过程中,是否遇到过比招标文件给出的更为有利的施工条件而节约施工成本的情况。如果有的话,应在给予承包人的补偿中扣除该部分施工节约的成本作为此事件的最终补偿额。因此,本题的正确答案为 A。

28. 【试题答案】B

【试题解析】本题考查重点是"索赔管理"。承包人应在索赔事件发生后的 28 天内,向监理人递交索赔意向通知书,并说明发生索赔事件的事由。因此,本题的正确答案为 B。

29. 【试题答案】D

【试题解析】本题考查重点是"FIDIC 施工合同条件部分条款"。FIDIC《施工合同条件》规定 6 类情况属于变更的范畴,在我国标准施工合同"变更"条款下规定了 5 种属于变更的情况,相差的一项为"合同中包括的任何工作内容数量的改变"。因此,本题的正确答案为 D。

30. 【试题答案】C

【试题解析】本题考查重点是"FIDIC 施工合同条件部分条款"。助手在授权范围内向承包人发出的指示,具有与工程师指示同样的效力。因此,本题的正确答案为 C。

31. 【试题答案】C

【试题解析】本题考查重点是"设计施工总承包合同管理有关各方的职责"。总监理工程师可以授权其他监理人员负责执行其指派的一项或多项监理工作。总监理工程师应将被授权监理人员的姓名及其授权范围通知承包人。因此,本题的正确答案为 C。

32. 【试题答案】C

【试题解析】本题考查重点是"施工质量管理"。承包人的施工设备和临时设施应专用于合同工程,未经监理人同意,不得将施工设备和临时设施中的任何部分运出施工场地或挪作他用。对目前闲置的施工设备或后期不再使用的施工设备,经监理人根据合同进度计划审核同意后,承包人方可将其撤离施工现场。因此,本题的正确答案为 C。

33. 【试题答案】D

【试题解析】本题考查重点是"施工招标程序"。评标专家应从事相关专业领域工作满八年并具有高级职称或者同等专业水平,并且熟悉有关招标投标的法律法规,具有与招标项目相关的实践经验,能够认真、公正、诚实、廉洁地履行职责。因此,本题的正确答案为 D。

34.【试题答案】C

【试题解析】本题考查重点是"合同法律关系的产生、变更与消灭"。能够引起合同法律关系产生、变更和消灭的客观现象和事实，就是法律事实。法律事实包括行为和事件。因此，本题的正确答案为C。

35.【试题答案】D

【试题解析】本题考查重点是"担保方式"。质押后，当债务人不能履行债务时，债权人依法有权就该动产或权利优先得到清偿。债务人或者第三人为出质人，债权人为质权人，移交的动产或权利为质物。质权是一种约定的担保物权，以转移占有为特征。因此，本题的正确答案为D。

36.【试题答案】A

【试题解析】本题考查重点是"英国NEC合同文本"。工程施工合同（ECC）的管理理念和合同原则是NEC系列其他合同编制的基础。因此，本题的正确答案为A。

37.【试题答案】C

【试题解析】本题考查重点是"订购产品的交付"。货物的交（提）货期限，是指货物交接的具体时间要求。因此，本题的正确答案为C。

38.【试题答案】B

【试题解析】本题考查重点是"FIDIC合同文本简介"。《生产设备和设计-施工合同条件》（1999年版），适用于由承包商按照雇主要求进行设计、生产设备制造和安装的电力、机械、房屋建筑等工程的合同。因此，本题的正确答案为B。

39.【试题答案】B

【试题解析】本题考查重点是"索赔管理"。监理人首先应争取通过与发包人和承包人协商达成索赔处理的一致意见，如果分歧较大，再单独确定追加的付款和（或）延长的工期。监理人应在收到索赔通知书或有关索赔的进一步证明材料后的42天内，将索赔处理结果答复承包人。因此，本题的正确答案为B。

40.【试题答案】B

【试题解析】本题考查重点是"承包人现场查勘"。承包人应对施工场地和周围环境进行查勘，核实发包人提供资料，并收集与完成合同工作有关的当地资料，以便进行设计和组织施工。在全部合同工作中，视为承包人已充分估计了应承担的责任和风险。因此，本题的正确答案为B。

41.【试题答案】A

【试题解析】本题考查重点是"建设工程材料设备采购合同的概念"。建设工程材料设备采购合同属于买卖合同，具有买卖合同的一般特点。因此，本题的正确答案为A。

42.【试题答案】B

【试题解析】本题考查重点是"FIDIC施工合同条件部分条款"。处理施工过程中有关问题时应保持公平的态度，而非FIDIC上一版本《土木工程施工合同条件》要求的公正处理原则。因此，本题的正确答案为B。

43.【试题答案】C

【试题解析】本题考查重点是"建设工程材料设备采购合同的分类"。分期付款的买受人未支付到期价款的金额达到全部价款的五分之一的，出卖人可以要求买受人支付全部价款或者解除合同。出卖人解除合同的，可以向买受人要求支付该标的物的使用费。因此，本题的正确答案为 C。

44. 【试题答案】A

【试题解析】本题考查重点是"设计施工总承包合同的订立——合同文件"。承包人建议书是对"发包人要求"的响应文件，包括承包人的工程设计方案和设备方案的说明；分包方案；对发包人要求中的错误说明等内容。因此，本题的正确答案为 A。

45. 【试题答案】A

【试题解析】本题考查重点是"施工招标程序"。招标人如具有与招标项目规模和复杂程度相适应的技术、经济等方面的专业人员，经审核后可以自行组织招标。招标人自行办理招标事宜，应当具有编制招标文件和组织评标的能力。选项 B、C、D 均属于招标代理机构的资质条件。因此，本题的正确答案为 A。

46. 【试题答案】C

【试题解析】本题考查重点是"FIDIC 施工合同条件部分条款"。承包商提交竣工验收申请报告后，由于雇主应负责的外界条件不具备而不能正常进行竣工试验达到 14 天以上，为了合理确定承包商的竣工时间和该部分工程移交雇主及时发挥效益，规定工程师应颁发接收证书。因此，本题的正确答案为 C。

47. 【试题答案】C

【试题解析】本题考查重点是"违约责任"。监理人发出整改通知 28 天后，承包人仍不纠正违约行为，发包人可向承包人发出解除合同通知。因此，本题的正确答案为 C。

48. 【试题答案】D

【试题解析】本题考查重点是"工程设计招标概述"。为了保证设计指导思想连续地贯穿于设计的各个阶段，一般多采用技术设计招标或施工图设计招标，不单独进行初步设计招标，而是由中标的设计单位承担初步设计任务。因此，本题的正确答案为 D。

49. 【试题答案】D

【试题解析】本题考查重点是"交货检验"。理论换算法。如管材等各种定尺、倍尺的金属材料，量测其直径和壁厚后，再按理论公式换算验收。换算的依据为国家规定标准或合同约定的换算标准。因此，本题的正确答案为 D。

50. 【试题答案】C

【试题解析】本题考查重点是"担保方式——留置"。留置，是指债权人按照合同约定占有对方（债务人）的财产，当债务人不能按照合同约定期限履行债务时，债权人有权依照法律规定留置该财产并享有处置该财产得到优先受偿的权利。留置权以债权人合法占有对方财产为前提，并且债务人的债务已经到了履行期。比如，在承揽合同中，定作方逾期不领取其定作物的，承揽方有权将该定作物折价、拍卖、变卖，并从中优先受偿。因此，本题的正确答案为 C。

二、多项选择题

51. 【试题答案】ABE

【试题解析】本题考查重点是"不可抗力"。不可抗力是指承包人和发包人在订立合同时不可预见，在工程施工过程中不可避免发生并不能克服的自然灾害和社会性突发事件，如地震、海啸、瘟疫、水灾、骚乱、暴动、战争和专用合同条款约定的其他情形。因此，本题的正确答案为 ABE。

52.【试题答案】AB

【试题解析】本题考查重点是"合同法律关系的构成"。自然人是指基于出生而成为民事法律关系主体的有生命的人。作为合同法律关系主体的自然人必须具备相应的民事权利能力和民事行为能力。因此，本题的正确答案为 AB。

53.【试题答案】ABC

【试题解析】本题考查重点是"施工招标程序"。招标准备工作包括招标资格与备案、确定招标方式和发布招标公告（或招标邀请书）。因此，本题的正确答案为 ABC。

54.【试题答案】ACDE

【试题解析】本题考查重点是"担保方式"。下列财产可以作为抵押物：①建筑物和其他土地附着物；②建设用地使用权；③以招标、拍卖、公开协商等方式取得的荒地等土地承包经营权；④生产设备、原材料、半成品、产品；⑤正在建造的建筑物、船舶、航空器；⑥交通运输工具；⑦法律、行政法规未禁止抵押的其他财产。因此，本题的正确答案为 ACDE。

55.【试题答案】ABCE

【试题解析】本题考查重点是"工程设计招标管理"。招标文件大致包括以下内容：①设计文件编制依据；②国家有关行政主管部门对规划方面的要求；③技术经济指标要求；④平面布局要求；⑤结构形式方面的要求；⑥结构设计方面的要求；⑦设备设计方面的要求；⑧特殊工程方面的要求；⑨其他有关方面的要求，如环保、消防、人防等。因此，本题的正确答案为 ABCE。

56.【试题答案】BCDE

【试题解析】本题考查重点是"担保方式——保证"。保证合同生效后，保证人就应当在合同规定的保证范围和保证期间承担保证责任。保证担保的范围包括主债权及利息、违约金、损害赔偿金及实现债权的费用。保证合同另有约定的，按照约定。当事人对保证担保的范围没有约定或者约定不明确的，保证人应当对全部债务承担责任。因此，本题的正确答案为 BCDE。

57.【试题答案】BD

【试题解析】本题考查重点是"设计施工总承包合同的订立——订立合同时需要明确的内容"。区段工程在通用条款中定义的是能单独接收并使用的永久工程。如果发包人希望在整体工程竣工前提前发挥部分区段工程的效益，应在专用条款内约定分部移交区段的名称、区段工程应达到的要求等。因此，本题的正确答案为 BD。

58.【试题答案】ACDE

【试题解析】本题考查重点是"招标范围"。可以不进行国际招标机电产品范围：①国（境）外赠送或无偿援助的机电产品；②供生产配套用的零件及部件；③旧机电产品；④一次采购产品合同估算价格在100万元人民币以下的；⑤外商投资企业投资总额内进口的机电产品；⑥供生产企业及科研机构研究开发用的样品样机；⑦国务院确定的特殊产品或者特定行业以及为应对国家重大突发事件需要的机电产品；⑧产品生产商优惠供货时，优惠金额超过产品合同估算价格50%的机电产品；⑨供生产企业生产需要的专用模具；

⑩供产品维修用的零件及部件；⑪根据法律、行政法规的规定，其他不适宜进行国际招标采购的机电产品。因此，本题的正确答案为 ACDE。

59.【试题答案】BCDE

【试题解析】本题考查重点是"担保方式——留置"。由于留置是一种比较强烈的担保方式，必须依法行使，不能通过合同约定产生留置权。担保法规定，能够留置的财产仅限于动产，且只有因保管合同、运输合同、承揽合同发生的债权，债权人才有可能实施留置。因此，本题的正确答案为 BCDE。

60.【试题答案】BD

【试题解析】本题考查重点是"施工合同的订立——合同文件"。标准施工合同条款中未明确由谁来解释文件之间的歧义，但可以结合监理工程师职责中的规定，总监理工程师应与发包人和承包人进行协商，尽量达成一致。不能达成一致时，总监理工程师应认真研究后审慎确定。因此，本题的正确答案为 BD。

61.【试题答案】ABCD

【试题解析】本题考查重点是"建设工程材料设备采购合同的分类"。材料采购合同采购的是建筑材料，是指用于建筑和土木工程领域的各种材料的总称，如钢、木材、玻璃、水泥、涂料等，也包括用于建筑设备的材料，如电线、水管等。因此，本题的正确答案为 ABCD。

62.【试题答案】ABCE

【试题解析】本题考查的重点是"建筑工程设计投标管理"。虽然投标书的设计方案各异，需要评审的内容很多，但大致可以归纳为以下五个方面：①设计方案的优劣；②投入、产出经济效益比较；③设计进度快慢；④设计资历和社会信誉；⑤报价的合理性。因此，本题的正确答案为 ABCE。

63.【试题答案】ABCE

【试题解析】本题考查重点是"施工质量管理"。监理人对已覆盖的隐蔽工程部位质量有疑问时，可要求承包人对已覆盖的部位进行钻孔探测或揭开重新检验，承包人应遵照执行，并在检验后重新覆盖恢复原状。因此，本题的正确答案为 ABCE。

64.【试题答案】ABCD

【试题解析】本题考查重点是"材料和通用型设备采购招标文件主要内容"。划分合同包装的基本原则主要考虑的因素包括：①有利于投标竞争；②工程进度与供货时间的关系；③市场供应情况；④资金计划。因此，本题的正确答案为 ABCD。

65.【试题答案】ABDE

【试题解析】本题考查重点是"保证在建设工程中的应用"。履约保证的担保责任，主要是担保投标人中标后，将按照合同规定，在工程全过程，按期限按质量履行其义务。若发生下列情况，发包人有权凭履约保证向银行或者担保公司索取保证金作为赔偿：①施工过程中，承包人中途毁约，或任意中断工程，或不按规定施工；②承包人破产，倒闭。因此，本题的正确答案为 ABDE。

66.【试题答案】ABC

【试题解析】本题考查重点是"设计施工总承包的特点"。按照《建设工程项目总承包管理规范》GB/T 50358—2005 的规定，建设工程项目总承包是指对工程项目的设计、采

125

购、施工、试运行的全过程或部分过程进行承包。因此，本题的正确答案为ABC。

67. 【试题答案】ACE

【试题解析】本题考查重点是"FIDIC施工合同条件部分条款"。我国标准施工合同依据《中华人民共和国合同法》的规定，以不可抗力发生的时点来划分不可抗力的后果责任，即以施工现场人员和财产的归属，发包人和承包人各自承担本方的损失，延误的工期相应顺延。因此，本题的正确答案为ACE。

68. 【试题答案】ABDE

【试题解析】本题考查重点是"FIDIC施工合同条件部分条款"。指定分包商条款的合理性，以不得损害承包商的合法利益为前提。具体表现为：一是招标文件中已说明了指定分包商的工作内容；二是承包商有合法理由时，可以拒绝与雇主选定的具体分包单位签订指定分包合同；三是给指定分包商支付的工程款，从承包商投标报价中未摊入应回收的间接费、税金、风险费的暂定金额内支出；四是承包商对指定分包商的施工协调收取相应的管理费；五是承包商对指定分包商的违约不承担责任。因此，本题的正确答案为ABDE。

69. 【试题答案】ACE

【试题解析】本题考查重点是"设计施工总承包合同的订立——合同文件"。中标通知书、投标函及附录、其他合同文件的含义与标准施工合同的规定相同。因此，本题的正确答案为ACE。

70. 【试题答案】ABC

【试题解析】本题考查重点是"设计合同履行管理"。施工图设计包括：①建筑设计；②结构设计；③设备设计；④专业设计的协调；⑤编制施工图设计文件。因此，本题的正确答案为ABC。

71. 【试题答案】ACDE

【试题解析】本题考查重点是"设计施工总承包合同的订立——合同文件"。设计施工总承包合同规定，发包人要求文件应说明11个方面的内容，其中其他要求包括：对承包人的主要人员资格要求；相关审批、核准和备案手续的办理；对项目业主人员的操作培训；分包；设备供应商；缺陷责任期的服务要求等。因此，本题的正确答案为ACDE。

72. 【试题答案】ABC

【试题解析】本题考查重点是"担保方式"。下列财产可以作为抵押物：①建筑物和其他土地附着物；②建设用地使用权；③以招标、拍卖、公开协商等方式取得的荒地等土地承包经营权；④生产设备、原材料、半成品、产品；⑤正在建造的建筑物、船舶、航空器；⑥交通运输工具；⑦法律、行政法规未禁止抵押的其他财产。以建筑物抵押的，该建筑物占用范围内的建设用地使用权一并抵押。以建设用地使用权抵押的，该土地上的建筑物一并抵押。但下列财产不得抵押：①土地所有权；②耕地、宅基地、自留地、自留山等集体所有的土地使用权，但法律规定可以抵押的除外；③学校、幼儿园、医院等以公益为目的的事业单位、社会团体的教育设施、医疗卫生设施和其他社会公益设施；④所有权、使用权不明或者有争议的财产；⑤依法被查封、扣押、监管的财产；⑥依法不得抵押的其他财产。因此，本题的正确答案为ABC。

73.【试题答案】ABCD

【试题解析】本题考查重点是"FIDIC 施工合同条件部分条款"。不可预见的物质条件给承包商造成的损失应给予补偿，承包商以往类似情况节约的成本也应做适当的抵消。应用此条款扣减施工节约成本有四个关键点需要注意：一是承包商未依据此条款提出索赔，工程师不得对以往承包人在有利条件下施工节约的成本主动扣减；二是扣减以往节约成本部分是与本次索赔在施工性质、施工组织和方法相类似部分，如果不类似的施工部位节约的成本不涉及扣除；三是有利部分只涉及以往，以后可能节约的部分不能作为扣除的内容；四是以往类似部分施工节约成本的扣除金额，最多不能大于本次索赔对承包商损失应补偿的金额。因此，本题的正确答案为 ABCD。

74.【试题答案】AC

【试题解析】本题考查重点是"设备采购合同的主要内容"。《机电产品采购国际竞争性招标文件》中关于合同的内容包括：第一册中的合同通用条款和合同格式；第二册中的合同专用条款。因此，本题的正确答案为 AC。

75.【试题答案】ABCD

【试题解析】本题考查重点是"交货检验"。产品质量应满足规定用途的特性指标，因此合同内必须约定产品应达到的质量标准。约定质量标准的一般原则是：①按颁布的国家标准执行；②无国家标准而有部颁标准的产品，按部颁标准执行；③没有国家标准和部颁标准作为依据时，可按企业标准执行；④没有上述标准，或虽有上述某一标准但采购方有特殊要求时，按双方在合同中商定的技术条件、样品或补充的技术要求执行。因此，本题的正确答案为 ABCD。

76.【试题答案】ABCE

【试题解析】本题考查重点是"建设工程合同的种类"。建筑市场中的各方主体，包括建设单位、勘察设计单位、施工单位、咨询单位、监理单位、材料设备供应单位等。因此，本题的正确答案为 ABCE。

77.【试题答案】ACD

【试题解析】本题考查重点是"订立设计合同时应约定的内容"。方案设计文件应当满足编制初步设计文件和控制概算的需要；初步设计文件，应当满足编制施工招标文件、主要设备材料订货和编制施工图设计文件的需要；施工图设计文件应当满足设备材料采购、非标准设备制作和施工的需要，并注明建设工程合理使用年限。具体内容要根据项目的特点在合同内约定。因此，本题的正确答案为 ACD。

78.【试题答案】BCE

【试题解析】本题考查重点是"设计施工总承包合同的订立——合同文件"。承包人建议书是对"发包人要求"的响应文件，包括承包人的工程设计方案和设备方案的说明；分包方案；对发包人要求中的错误说明等内容。因此，本题的正确答案为 BCE。

79.【试题答案】AE

【试题解析】本题考查重点是"施工招标概述"。选项 A，招标人通过新闻媒体发布招标公告，凡具备相应资质符合招标条件的法人或组织，不受地域和行业限制均可申请投标。选项 B、C，按照竞争的开放程度，招标可分为公开招标和邀请招标两种方式。选项 D，邀请对象的数目以 5～7 家为宜，但不应少于 3 家。选项 E，公开招标所需招标时间长，费用高。因此，本题的正确答案为 AE。

80.【试题答案】ACDE

【试题解析】本题考查重点是"交货检验"。选项 B 施工合同是发包人与施工人签订的，而材料采购合同一般是发包人或施工人与材料供应商签订的。因此，本题的正确答案为 ACDE。

第七套模拟试卷

一、单项选择题（共 50 题，每题 1 分。每题的备选项中，只有 1 个最符合题意）

1. 下列机电产品必须进行国际招标的是（　　）。

    A. 外商投资企业投资总额内进口的机电产品

    B. 一次性采购产品合同估算价格 120 万元人民币

    C. 供产品维修用的零件及部件

    D. 旧机电产品

2. 根据 FIDIC《施工合同条件》，业主与承包商划分合同风险的"基准日"为（　　）。

    A. 发布招标公告之日　　　　　　　　B. 承包商提交投标文件之日

    C. 投标截止日前第 28 天　　　　　　D. 签订施工合同后第 28 天

3. 某建设工程物资采购合同，采购方向供货方交付定金 4 万元。由于供货方违约，按合同约定计算的违约金为 10 万元，则采购方有权要求供货方支付（　　）承担违约责任。

    A. 4 万元　　　　　　　　　　　　　B. 8 万元

    C. 10 万元　　　　　　　　　　　　D. 14 万元

4. 施工单位采购 5 吨水泥，现场过秤时发现，实际交货数量为 4.998 吨。施工单位应支付的货款为（　　）。

    A. 订购数量的货款无须扣除按订购数量计算的违约金

    B. 订购数量的货款并扣除按少交部分计算的违约金

    C. 实际交付数量的货款并扣除按订购数量计算的违约金

    D. 实际交付数量的货款并扣除按少交部分计算的违约金

5. 设计施工总承包合同的订立中，（　　）对道路通行权和场外设施做出了两种可选用的约定形式。

    A. 通用条款　　　　　　　　　　　　B. 专用条款

    C. 合同协议书　　　　　　　　　　　D. 中标通知书

6. 设计施工总承包合同的订立中，（　　）应明确约定由发包人提供的文件的内容、数量和期限。

    A. 通用条款　　　　　　　　　　　　B. 专用条款

    C. 合同协议书　　　　　　　　　　　D. 中标通知书

7. 某工程招标失败，招标人分析招标失败的原因并采取相应措施后，需要重新进行招标的是（　　）。

    A. 投标截止时间止，投标人少于 3 个

    B. 属于必须审批工程建设项目，经原审批部门批准

    C. 重新招标后投标人仍少于 3 个

    D. 重新招标后所有投标被否决

8. 承包人办理保险的情况下，因承包人未按合同约定办理设计和工程保险、第三者责任保险，导致发包人受到保险范围内事件影响的损害而又不能得到保险人的赔偿时，原应从该项保险得到的保险赔偿金由（　　）承担。

  A. 发包人   B. 承包人

  C. 监理人   D. 发包人和承包人

9. 主要选项条款中的（　　）适用于固定价格承包。

  A. 选项 A   B. 选项 B

  C. 选项 C   D. 选项 D

10. （　　）是指出卖人允许买受人试验其标的物、买受人认可后再支付价款的交易。

  A. 货样买卖   B. 试用买卖

  C. 分期交付买卖   D. 分期付款买卖

11. 材料采购合同履行过程中，检验钢筋性能的质量检验的方法是（　　）。

  A. 化学分析法   B. 理论换算法

  C. 物理试验法   D. 经验鉴别法

12. 下列担保方式中，不转移对担保财产占有的是（　　）。

  A. 留置   B. 抵押

  C. 定金   D. 质押

13. 在评标委员会成员中，不包括（　　）。

  A. 招标人代表   B. 技术专家

  C. 招标主管代表   D. 经济专家

14. 各行业编制的标准施工招标文件中的（　　）可结合施工项目的具体特点，对标准的（　　）进行补充、细化。

  A. "专用条款"，"通用条款"

  B. "专用条款"，"通用合同条款"

  C. "专用合同条款"，"通用条款"

  D. "专用合同条款"，"通用合同条款"

15. （　　）是指债务人或者第三人将其动产移交债权人占有，将该动产作为债权的担保。

  A. 动产质押   B. 不动产质押

  C. 权利质押   D. 义务质押

16. 通用条件内以投标截止日前第 28 天定义为（　　），作为划分该日后由于政策法规的变化或市场物价浮动对合同价格影响的责任。

  A. 基准日期   B. 下达开工令

  C. 合同签字日   D. 风险事件发生日

17. 建设工程合同是（　　）实施工程建设活动，（　　）支付价款或酬金的协议。

  A. 承包人，发包人   B. 承包人，监理人

  C. 发包人，监理人   D. 发包人，分包人

18. 某工程施工合同约定的工期为 20 个月，专用条款规定承包人提前竣工或延误竣工均按月计算奖金或延误损害赔偿金。施工至第 16 个月，因承包人原因导致实际进度滞后于计划进度。承包人修改后的进度计划的竣工时间为第 22 个月，监理人认可了该进度计划

的修改。承包人的实际施工期为 21 个月。下列关于承包人的工期责任的说法中，正确的是（　　）。

    A. 提前工期 1 个月给予承包人奖励

    B. 延误工期 1 个月追究承包人拖期违约责任

    C. 对承包人既不追究拖期违约责任，也不给予奖励

    D. 因监理人对修改进度计划的认可，按延误工期 0.5 个月追究承包人违约责任

19. 如果索赔事件的影响持续存在，承包商应在该项索赔事件（　　），提出最终索赔通知书，说明最终要求索赔的追加付款金额和延长的工期，并附必要的记录和证明材料。

    A. 发生后的 28 天内　　　　　　　　B. 全部消除后

    C. 影响结束后的 14 天内　　　　　　D. 影响结束后的 28 天内

20. 与邀请招标相比，公开招标的特点是（　　）。

    A. 竞争程度低　　　　　　　　　　　B. 评标量小

    C. 招标时间短　　　　　　　　　　　D. 费用高

21. 供货方供应的砌体的砌块，采购方与供货方进行现场交货的数量检验时，应采用（　　）计算交货数量。

    A. 查点法　　　　　　　　　　　　　B. 理论换算法

    C. 衡量法　　　　　　　　　　　　　D. 经验鉴别法

22. 在（　　）条件下，由于主要是依靠合同来规范当事人的交易行为，合同的内容将成为实施建设工程行为的主要依据。

    A. 自然经济　　　　　　　　　　　　B. 商品经济

    C. 市场经济　　　　　　　　　　　　D. 计划经济

23. 某工程项目在施工阶段投保了建筑工程一切险，保险人承担保险责任的开始时间是（　　）。

    A. 中标通知书发出日　　　　　　　　B. 施工合同协议书签字日

    C. 保险合同签字日　　　　　　　　　D. 工程材料运抵施工现场日

24. 由于 FIDIC 编制的合同文本力求在雇主与承包商之间体现（　　）的原则，而国际投资金融机构的贷款对象是雇主，调整的条款更偏重于雇主对施工过程中的控制。

    A. 公平公正　　　　　　　　　　　　B. 公平公开

    C. 责任合理分担　　　　　　　　　　D. 风险合理分担

25. 在下列设计文件中，需注明建设工程合理使用年限的设计文件是（　　）。

    A. 方案设计文件　　　　　　　　　　B. 初步设计文件

    C. 施工图设计文件　　　　　　　　　D. 设计概算文件

26. 定金合同要采用（　　），并在合同中约定交付定金的期限，定金合同实际交付定金之日生效。

    A. 口头形式　　　　　　　　　　　　B. 书面形式

    C. 不要式　　　　　　　　　　　　　D. 要式

27. 设计施工总承包合同未用开工通知是由于（　　）收到开始工作通知后首先开始设计工作。

    A. 工程师　　　　　　　　　　　　　B. 承包人

C. 分包人
D. 监理人

28. 根据 FIDIC 施工合同条件部分条款的规定，工程师属于（　　）。

A. 雇主人员
B. 雇佣人员

C. 承包人员
D. 分包人员

29. 发包人在收到承包人竣工验收申请报告（　　）天后未进行验收，视为验收合格。实际竣工日期以提交竣工验收申请报告的日期为准。

A. 7
B. 14

C. 28
D. 56

30. 工程施工合同第二版中的核心条款包括（　　）。

A. 9 条，154 款
B. 9 条，155 款

C. 8 条，154 款
D. 8 条，155 款

31. 审查设计投标人的人员技术力量主要是考察（　　）的资质能力。

A. 设计单位负责人
B. 设计负责人

C. 专业设计人员
D. 所有设计人员

32. （　　）是指当事人双方按照货样或样本所显示的质量进行交易。

A. 货样买卖
B. 试用买卖

C. 分期交付买卖
D. 分期付款买卖

33. 施工合同履行过程中，因工程所在地发生洪灾所造成的损失中，应由承包人承担的是（　　）。

A. 工程本身的损害
B. 工程所需清理费用

C. 承包人的施工机械损坏
D. 因工程损害导致的第三方财产损失

34. 标的物需要运输的，是指标的物由出卖人负责办理托运，（　　）是独立于买卖合同当事人之外的运输业者的情形。

A. 出卖人
B. 买受人

C. 承运人
D. 委托人

35. 《建设工程设计合同（示范文本）》规定，发包人向设计人提供设计依据文件和基础资料超过规定期限（　　）天以内，设计人规定的交付设计文件时间相应顺延，在此期限以上时，设计人有权重新确定提交设计文件的时间。

A. 78
B. 14

C. 15
D. 30

36. 颁发履约证书后将（　　）保留金返还承包商

A. 30%
B. 50%

C. 80%
D. 全部

37. （　　）是施工合同的基础和框架。

A. 核心条款
B. 主要选项条款

C. 次要选项条款
D. 基础条款

38. 依据《建设工程设计合同（示范文本）》，下列有关设计变更的说法不正确的是（　　）。

A. 发包人需要委托其他设计单位完成设计变更工作，需经原设计人书面同意

B. 因发包人原因导致的重大设计变更造成设计人需返工时，双方需另行协商签订补充协议

C. 如果发包人确需修改设计时，应首先请设计单位修改，然后经有关部门审批后使用

D. 设计人负责对不超出原定范围的内容做出必要的调整补充

39. 下列关于留置担保的说法中，正确的是(　　)。

A. 留置不以合法占有对方财产为前提

B. 可以留置的财产仅限于动产

C. 留置担保可适用于建设工程合同

D. 留置以合法占有对方固定资产为前提

40. 在我国标准施工合同"变更"条款下规定了(　　)种属于变更的情况。

A. 3　　　　　　　　　　　　　　　B. 4

C. 5　　　　　　　　　　　　　　　D. 6

41. 设计施工总承包合同的订立中，专用条款内应明确约定由(　　)提供的文件的内容、数量和期限。

A. 承包人　　　　　　　　　　　　B. 发包人

C. 分包人　　　　　　　　　　　　D. 监理人

42. 承包人经发包人认可，将承包的工程中部分施工任务交与其他人完成而订立的合同，即为(　　)。

A. 建设工程设计施工总承包合同　　B. 施工承包合同

C. 施工分包合同　　　　　　　　　D. 建设工程施工合同

43. 管理承包商与若干施工分包商订立分包合同，确定的分包合同履行费用由(　　)支付。

A. 雇主　　　　　　　　　　　　　B. 承包商

C. 工程师　　　　　　　　　　　　D. 监理人

44. FIDIC《施工合同条件》规定的变更范畴与我国标准施工合同"变更"条款下规定的情况相差的一项为(　　)。

A. 合同中包括的任何工作内容的改变

B. 合同中包括的任何工作内容数量的改变

C. 合同中包括的任何工作内容质量的改变

D. 合同中包括的任何工作时间的改变

45. 某施工合同履行中，发包人派驻施工现场的代表甲平时很少参与管理，都由发包人的员工乙对承包人完成的工程量确认并以甲的名义签字后支付工程款，但乙并未获得发包人法定代表人的书面授权。工程竣工结算时，甲对乙确认的其中几项进度款提出异议。此时，对已支付的工程款(　　)。

A. 经乙签字的均无效，全部由甲重新确认

B. 经甲确认的有效，甲不予确认的无效

C. 经乙签字的全部有效

D. 需委托造价管理部门确定

46. 建设工程勘察合同是指根据建设工程的要求，查明、分析、评价建设场地的（　　），编制建设工程勘察文件的协议。

    A. 地质地理环境特征

    B. 地质岩土工程条件

    C. 地质地理环境特征和地下水分布情况

    D. 地质地理环境特征和岩土工程条件

47. 根据《建设工程设计合同（示范文本）》的规定，订立合同时，发包人应提供的设计依据文件和资料不包括（　　）。

    A. 城市规划许可文件   B. 工程勘察资料

    C. 限额设计的要求   D. 经批准的项目可行性研究报告

48. 美国 AIA 合同文本中的 C 系列是指（　　）。

    A. 雇主与施工承包商、CM 承包商、供应商之间的合同，以及总承包商与分包商之间合同的文本

    B. 雇主与建筑师之间合同的文本

    C. 建筑师与专业咨询机构之间合同的文本

    D. 建筑师行业的有关文件

49. 有关大型设备采购招标方式的说法，错误的是（　　）。

    A. 工程建设机电产品国际招标投标一般应采用公开招标的方式进行

    B. 根据法律、行政法规的规定，不适宜公开招标的，可以采取邀请招标，采用邀请招标方式的项目应当向有关行政监督部门备案

    C. 工程建设机电产品国际招标采购应当采用国际招标的方式进行

    D. 已经明确采购产品的原产地在国内的，可以采用国内招标的方式进行

50. 在建设项目各类招标中，招标文件中仅提出设计依据、技术指标、工作范围等内容，而无具体工作量的是（　　）招标。

    A. 施工   B. 设备采购

    C. 设计   D. 材料采购

二、多项选择题（共 30 题，每题 2 分。每题的备选项中，有 2 个或 2 个以上符合题意，至少有 1 个错项。错选，本题不得分；少选，所选的每个选项得 0.5 分）

51. 设计施工总承包方式的缺点包括（　　）。

    A. 设计不一定是最优方案   B. 延长建设周期

    C. 增加设计变更   D. 增加承包人的索赔

    E. 减弱实施阶段发包人对承包人的监督和检查

52. 设计招标与其他招标在评标原则上存在不同，评标委员应更多关注方案的（　　）等方面的内容。

    A. 经济可行性   B. 技术先进性

    C. 方案合理性   D. 所达到的技术指标

    E. 对工程项目投资效果的影响

53. 建设工程施工招标，对于邀请招标的项目，招标人要发出投标邀请书，其主要内容包

括(　　)。
  A. 招标条件
  B. 项目概况与招标范围
  C. 投标人资格要求
  D. 投标文件的获取
  E. 招标文件的递交

54. 对设计投标书进行评审时，设计方案评审的内容包括(　　)。
  A. 总体布置的合理性
  B. 设备选型的适用性
  C. 造型是否美观大方
  D. "三废"治理方案是否有效
  E. 投资是否超过限额

55. 下列合同属于按照承发包的不同范围和数量进行划分的是(　　)。
  A. 建设工程勘察合同
  B. 工程承包合同
  C. 建设工程设计合同
  D. 建设工程施工合同
  E. 施工分包合同

56. 建筑工程一切险加保了第三者责任险，下列事件中保险公司应承担赔偿责任的有(　　)。
  A. 工地内第三者对工程造成的损害
  B. 与工程直接相关的意外事故引起工地内第三者伤亡
  C. 与工程直接相关的意外事故引起工地邻近区域的第三者人身伤亡
  D. 工地外第三者对工程造成的损害
  E. 承包商基础土方开挖破坏了图纸上未标明的市政供水管道造成的损害

57. 在《担保法》规定的担保方式中，(　　)不能作为保证人。
  A. 公民
  B. 国家机关
  C. 企业法人的分支机构
  D. 企业法人的职能部门
  E. 经国务院批准为使用外国政府贷款进行转贷的国家机关

58. 标准施工合同规定的预付款担保采用银行保函形式，主要特点有(　　)。
  A. 担保期限
  B. 担保方式
  C. 担保金额
  D. 担保当事人
  E. 担保事项

59. 在项目实施过程中可能需要分包人承担部分工作，如(　　)等。
  A. 独立分包人
  B. 联合分包人
  C. 设计分包人
  D. 施工分包人
  E. 供货分包人

60. 通用条款规定，履行合同过程中，未经发包人同意，承包人不得(　　)。
  A. 擅自改变联合体的组成
  B. 擅自改变联合体的内容
  C. 擅自改变联合体的条款
  D. 修改联合体协议
  E. 修改联合体标题

61. 标准施工合同文件中的投标函附录是投标函内承诺部分主要内容的细化，包括(　　)。
  A. 项目经理的人选
  B. 工期
  C. 缺陷责任期
  D. 承包的工程部位

E. 公式法调价的基数和系数

62. 承包人是总承包合同的另一方当事人，按合同的约定承担完成工程项目的设计、招标、（　　）。

A. 采购　　　　　　　　　　　　B. 施工

C. 试运行　　　　　　　　　　　D. 环境保护

E. 缺陷责任期的质量缺陷修复责任

63. 事件是指不以合同法律关系主体的主观意志为转移而发生的，能够引起（　　）的客观现象。

A. 合同法律关系产生　　　　　　B. 合同法律关系变更

C. 合同法律关系消灭　　　　　　D. 合同法律关系转移

E. 合同法律关系冻结

64. 某订购 50 吨水泥的材料采购合同，供货方在约定的交货时间前 30 天通过铁路运输将 55 吨水泥发运到工程所在地车站。采购方将全部货物运到施工现场后露天存放，恰逢连续降雨使 3 吨水泥被浸泡。关于水泥交货后义务和责任的说法，正确的有（　　）。

A. 接货后采购方应及时支付 50 吨水泥的货款

B. 接货后采购方应及时支付 55 吨水泥的货款

C. 采购方仍按合同约定的到货时间支付 50 吨水泥的货款

D. 采购方可向供货方索要 55 吨水泥的保管费

E. 供货方应承担 3 吨水泥的损失

65. 投标保证金除现金外，可以是银行出具的（　　）。

A. 银行保函　　　　　　　　　　B. 保兑支票

C. 银行汇票　　　　　　　　　　D. 商业汇票

E. 现金支票

66. 建设工程勘察合同（二）范本委托工作内容仅涉及岩土工程，它包括（　　）。

A. 取得岩土工程的勘察资料　　　B. 水文地质勘察

C. 工程测量　　　　　　　　　　D. 治理和监测工作

E. 工程物探

67. 以下（　　）专项施工方案需要进行 5 人以上专家论证方案的安全性和可靠性。

A. 高大模板工程　　　　　　　　B. 深基坑工程

C. 大爆破工程　　　　　　　　　D. 脚手架工程

E. 地下暗挖工程

68. 标准施工招标文件的投标人须知包括（　　）。

A. 前言　　　　　　　　　　　　B. 简介

C. 前附表　　　　　　　　　　　D. 正文

E. 附表格式

69. 工程设计合同签订后，设计人承接的设计任务工作范围和内容发生变动，应遵循的原则包括（　　）。

A. 在原定设计范围内的内容，经发包人同意，设计人可以进行必要的修改和调整补充

B. 设计人进行设计交底时，监理人提出的设计变更要求，经过设计人进行修改后即可交付施工

C. 经过批准的设计文件需要修改，发包人先报经原审批机关批准，再委托原设计人修改

D. 经过修改的设计文件，发包人应重新向设计管理部门报批

E. 施工承包人在其设计资质许可的范围内可以自行修改施工图设计

70. 下列合同属于按照承发包的内容进行分类的是（　　）。

A. 建设工程勘察合同
B. 建设工程设计施工总承包合同
C. 工程施工承包合同
D. 建设工程施工合同
E. 施工分包合同

71. 工程施工合同第二版中的核心条款主要包括（　　）。

A. 总则
B. 承包商的主要责任
C. 正文
D. 测试和缺陷
E. 风险和保险

72. 按照《招标投标法》的规定，（　　）可以不进行招标，采用直接发包的方式委托建设任务。

A. 施工单项合同估算价 150 万元人民币

B. 使用国有资金的单项合同估算价 100 万元人民币

C. 关系社会公众安全的公用事业项目，单项合同估算价 80 万元人民币

D. 项目总投资 4000 万元，单项合同估算价 180 万元人民币

E. 项目总投资 2000 万元，单项合同估算价 130 万元人民币

73. 施工合同中的核心条款规定的工作程序和责任适用于（　　）的各类施工合同。

A. 施工承包
B. 材料承包
C. 设计施工总承包
D. 设备承包
E. 交钥匙工程承包

74. 保险人对（　　）原因造成的损失和费用，负责赔偿。

A. 地震
B. 台风
C. 洪水
D. 火灾
E. 自燃

75. 在设计合同中，发包人和设计人必须共同保证施工图设计满足（　　）条件。

A. 地基基础、主体结构体系的设计可靠

B. 设计符合有关强制性标准、规范

C. 依据的勘察资料准确

D. 未侵犯任何第三人的知识产权

E. 不损害社会公共利益

76. 标准施工招标文件的附表格式是招标过程中用到的标准化格式，包括（　　）。

A. 开标记录表
B. 问题澄清通知书格式
C. 招标书格式
D. 中标通知书格式
E. 中标结果通知书格式

77. 在建设工程设计合同的履行中，属于发包人责任的有（   ）。
    A. 完成施工中出现的设计变更　　　　B. 提供设计人在现场的工作条件
    C. 外部协调工作　　　　　　　　　　D. 向施工单位进行设计交底
    E. 保护设计人知识产权

78. 与一般的通用设备相比，大型工程设备采购招标中具有（   ）等方面的特征。
    A. 标的物数量多　　　　　　　　　　B. 金额大
    C. 质量和技术复杂　　　　　　　　　D. 技术标准高
    E. 对投标人资质和能力条件要求高

79. 建筑材料采购合同的条款一般限于物资交货阶段，主要涉及（   ）。
    A. 设备安装调试　　　　　　　　　　B. 交接程序
    C. 检验方式　　　　　　　　　　　　D. 质量要求
    E. 合同价款的支付

80. 按照《合同法》的分类，材料采购合同属于买卖合同，合同条款一般包括（   ）。
    A. 运输方式及到站、港和费用的负担责任
    B. 所有损耗及计算方法
    C. 包装标准、包装物的供应与回收
    D. 验收标准、方法及提出异议的期限
    E. 随机备品、配件工具数量及供应办法

第七套模拟试卷参考答案、考点分析

一、单项选择题

1.【试题答案】B

【试题解析】本题考查重点是"招标范围"。可以不进行国际招标机电产品范围：①国（境）外赠送或无偿援助的机电产品；②供生产配套用的零件及部件；③旧机电产品；④一次采购产品合同估算价格在100万元人民币以下的；⑤外商投资企业投资总额内进口的机电产品；⑥供生产企业及科研机构研究开发用的样品样机；⑦国务院确定的特殊产品或者特定行业以及为应对国家重大突发事件需要的机电产品；⑧产品生产商优惠供货时，优惠金额超过产品合同估算价格50%的机电产品；⑨供生产企业生产需要的专用模具；⑩供产品维修用的零件及部件；⑪根据法律、行政法规的规定，其他不适宜进行国际招标采购的机电产品。因此，本题的正确答案为B。

2.【试题答案】C

【试题解析】本题考查重点是"订立合同时需要明确的内容"。通用条款规定的基准日期指投标截止日前第28天。规定基准日期的作用是划分该日后由于政策法规的变化或市场物价浮动对合同价格影响的责任。因此，本题的正确答案为C。

3.【试题答案】C

【试题解析】本题考查重点是"违约责任"。如果是因供货方应承担责任的原因导致不能全部或部分交货，应按合同约定的违约金比例乘以不能交货部分货款计算违约金。若违约金不足以偿付采购方所受到的实际损失时，可以修改违约金的计算方法，使实际受到的损害能够得到合理的补偿。因此，本题的正确答案为C。

4.【试题答案】A

【试题解析】本题考查重点是"交货检验"。题干中虽未明确交货数量允许的增减范围，但缺少的0.002吨可以理解为是在合理的尾差和磅差内，不按多交或少交对待，双方互不退补。因此，本题的正确答案为A。

5.【试题答案】A

【试题解析】本题考查重点是"设计施工总承包合同的订立——订立合同时需要明确的内容"。通用条款对道路通行权和场外设施做出了两种可选用的约定形式，一种是发包人负责办理取得出入施工场地的专用和临时道路的通行权，以及取得为工程建设所需修建场外设施的权利，并承担有关费用。另一种是承包人负责办理并承担费用，因此需在专用条款内明确。因此，本题的正确答案为A。

6.【试题答案】B

【试题解析】本题考查重点是"设计施工总承包合同的订立——订立合同时需要明确的内容"。专用条款内应明确约定由发包人提供的文件的内容、数量和期限。因此，本题的正确答案为B。

7.【试题答案】A

【试题解析】本题考查重点是"施工招标程序"。有下列情形之一的，招标人在分析招标失败的原因并采取相应措施后，应当依法重新招标：①投标截止时间止，投标人少于3个的；②经评标委员会评审后否决所有投标的。因此，本题的正确答案为A。

8.【试题答案】B

【试题解析】本题考查重点是"保险责任"。因承包人未按合同约定办理设计和工程保险、第三者责任保险，导致发包人受到保险范围内事件影响的损害而又不能得到保险人的赔偿时，原应从该项保险得到的保险赔偿金由承包人承担。因此，本题的正确答案为B。

9.【试题答案】A

【试题解析】本题考查重点是"英国NEC合同文本"。主要选项条款中的标价合同适用于签订合同时价格已经确定的合同，选项A适用于固定价格承包，选项B适用于采用综合单价计量承包；目标合同（选项C、选项D）适用于拟建工程范围在订立合同时还没有完全界定或预测风险较大的情况，承包商的投标价作为合同的目标成本，当工程费用超支或节省时，雇主与承包商按合同约定的方式分摊；成本补偿合同（选项E）适用于工程范围的界定尚不明确，甚至以目标合同为基础也不够充分，而且又要求尽早动工的情况，工程成本部分实报实销，按合同约定的工程成本一定百分比作为承包商的收入；管理合同（选项F）适用于施工管理承包，管理承包商与雇主签订管理承包合同，他不直接承担施工任务，以管理费用和估算的分包合同总价报价。因此，本题的正确答案为A。

10.【试题答案】B

【试题解析】本题考查重点是"建设工程材料设备采购合同的分类"。试用买卖，是指出卖人允许买受人试验其标的物、买受人认可后再支付价款的交易。因此，本题的正确答案为B。

11.【试题答案】C

【试题解析】本题考查重点是"交货检验"。质量验收的方法可以采用：①经验鉴别法。即通过目测、手触或以常用的检测工具量测后，判定质量是否符合要求；②物理试验法。根据对产品性能检验的目的，可以进行拉伸试验、压缩试验、冲击试验、金相试验及硬度试验等；③化学分析法。即抽出一部分样品进行定性分析或定量分析的化学试验，以确定其内在质量。因此，本题的正确答案为C。

12.【试题答案】B

【试题解析】本题考查重点是"担保方式——抵押"。抵押是指债务人或者第三人向债权人以不转移占有的方式提供一定的财产作为抵押物，用以担保债务履行的担保方式。债务人不履行债务时，债权人有权依照法律规定以抵押物折价或者从变卖抵押物的价款中优先受偿。因此，本题的正确答案为B。

13.【试题答案】C

【试题解析】本题考查重点是"施工招标程序"。评标委员会由招标人或其委托的招标代理机构熟悉相关业务的代表，以及有关技术、经济等方面的专家组成，成员人数为五人以上单数，其中技术、经济等方面的专家不得少于成员总数的三分之二。因此，本题的正确答案为C。

14.【试题答案】D

【试题解析】本题考查重点是"施工合同标准文本"。各行业编制的标准施工招标文件中的"专用合同条款"可结合施工项目的具体特点，对标准的"通用合同条款"进行补充、细化。因此，本题的正确答案为D。

15.【试题答案】A

【试题解析】本题考查重点是"担保方式"。质押可分为动产质押和权利质押。动产质押是指债务人或者第三人将其动产移交债权人占有，将该动产作为债权的担保。因此，本题的正确答案为A。

16.【试题答案】A

【试题解析】本题考查重点是"订立合同时需要明确的内容"。通用条款规定的基准日期指投标截止日前第28天。规定基准日期的作用是划分该日后由于政策法规的变化或市场物价浮动对合同价格影响的责任。因此，本题的正确答案为A。

17.【试题答案】A

【试题解析】本题考查重点是"建设工程合同管理的目标"。建设工程合同是承包人实施工程建设活动，发包人支付价款或酬金的协议。建设工程合同的顺利履行是建设工程质量、投资和工期的基本保障，不但对建设工程合同当事人有重要的意义，而且对社会公共利益、公众的生命健康都有重要的意义。因此，本题的正确答案为A。

18.【试题答案】B

【试题解析】本题考查重点是"合同履行涉及的几个时间期限"。施工期限与合同工期比较，判定是提前竣工还是延误竣工。本题的合同工期为20个月，施工期为21个月，所以工期延误1个月。监理人对修改后进度计划的批准，并不意味着承包商可以摆脱合同规定应承担的责任。因此，本题的正确答案为B。

19.【试题答案】D

【试题解析】本题考查重点是"索赔管理"。对于具有持续影响的索赔事件，承包人应按合理时间间隔陆续递交延续的索赔通知，说明连续影响的实际情况和记录，列出累计的追加付款金额和（或）工期延长天数。在索赔事件影响结束后的28天内，承包人应向监理人递交最终索赔通知书，说明最终要求索赔的追加付款金额和延长的工期，并附必要的记录和证明材料。因此，本题的正确答案为D。

20.【试题答案】D

【试题解析】本题考查重点是"施工招标概述"。公开招标所需招标时间长，费用高。邀请招标节约费用和节省时间。因此，本题的正确答案为D。

21.【试题答案】A

【试题解析】本题考查重点是"交货检验"。数量验收的方法：①衡量法；②理论换算法；③查点法。采购定量包装的计件物资，只要查点到货数量即可。包装内的产品数量或重量应与包装物的标明一致，否则应由厂家或封装单位负责。因此，本题的正确答案为A。

22.【试题答案】C

【试题解析】本题考查重点是"建设工程合同管理的目标"。在市场经济条件下，由于主要是依靠合同来规范当事人的交易行为，合同的内容将成为实施建设工程行为的主要依据。因此，本题的正确答案为C。

23.【试题答案】D

【试题解析】本题考查重点是"工程建设涉及的主要险种"。建筑工程一切险的保险责任自保险工程在工地动工或用于保险工程的材料、设备运抵工地之时起始，至工程所有人对部分或全部工程签发完工验收证书或验收合格，或工程所有人实际占用或使用或接受该部分或全部工程之时终止，以先发生者为准。因此，本题的正确答案为 D。

24.【试题答案】D

【试题解析】本题考查重点是"FIDIC 合同文本简介"。由于 FIDIC 编制的合同文本力求在雇主与承包商之间体现风险合理分担的原则，而国际投资金融机构的贷款对象是雇主，调整的条款更偏重于雇主对施工过程中的控制。因此，本题的正确答案为 D。

25.【试题答案】C

【试题解析】本题考查重点是"订立设计合同时应约定的内容"。施工图设计文件，应当满足设备材料采购、非标准设备制作和施工的需要，并注明建设工程合理使用年限。因此，本题的正确答案为 C。

26.【试题答案】B

【试题解析】本题考查重点是"担保方式"。定金合同要采用书面形式，并在合同中约定交付定金的期限，定金合同实际交付定金之日生效。因此，本题的正确答案为 B。

27.【试题答案】B

【试题解析】本题考查重点是"开始工作"。设计施工总承包合同未用开工通知是由于承包人收到开始工作通知后首先开始设计工作。因此，本题的正确答案为 B。

28.【试题答案】A

【试题解析】本题考查重点是"FIDIC 施工合同条件部分条款"。工程师属于雇主人员，但不同于雇主雇佣的一般人员，在施工合同履行期间独立工作。因此，本题的正确答案为 A。

29.【试题答案】D

【试题解析】本题考查重点是"竣工验收管理"。发包人在收到承包人竣工验收申请报告 56 天后未进行验收，视为验收合格。实际竣工日期以提交竣工验收申请报告的日期为准，但发包人由于不可抗力不能进行验收的情况除外。因此，本题的正确答案为 D。

30.【试题答案】B

【试题解析】本题考查重点是"英国 NEC 合同文本"。工程施工合同第二版中的核心条款设有 9 条：总则；承包商的主要责任；工期；测试和缺陷；付款；补偿事件；所有权；风险和保险；争端和合同终止。共有 155 款。因此，本题的正确答案为 B。

31.【试题答案】B

【试题解析】本题考查重点是"工程设计招标管理"。判定投标人是否具备承担发包任务的能力，通常要进一步审查人员的技术力量。人员的技术力量主要考察设计负责人的资格和能力，以及各类设计人员的专业覆盖面、人员数量和各级职称人员的比例等是否满足完成工程设计的需要。因此，本题的正确答案为 B。

32.【试题答案】A

【试题解析】本题考查重点是"建设工程材料设备采购合同的分类"。货样买卖，是指当事人双方按照货样或样本所显示的质量进行交易。因此，本题的正确答案为 A。

33.【试题答案】C

【试题解析】本题考查重点是"不可抗力"。通用条款规定，不可抗力造成的损失由发包人和承包人分别承担：①永久工程，包括已运至施工场地的材料和工程设备的损害，以及因工程损害造成的第三者人员伤亡和财产损失由发包人承担；②承包人设备的损坏由承包人承担；③发包人和承包人各自承担其人员伤亡和其他财产损失及其相关费用；④停工损失由承包人承担，但停工期间应监理人要求照管工程和清理、修复工程的金额由发包人承担；⑤不能按期竣工的，应合理延长工期，承包人不需支付逾期竣工违约金。发包人要求赶工的，承包人应采取赶工措施，赶工费用由发包人承担。因此，本题的正确答案为C。

34.【试题答案】C

【试题解析】本题考查重点是"订购产品的交付"。标的物需要运输的，是指标的物由出卖人负责办理托运，承运人是独立于买卖合同当事人之外的运输业者的情形。因此，本题的正确答案为C。

35.【试题答案】C

【试题解析】本题考查重点是"设计合同履行管理"。发包人应当按照合同约定时间，一次性或陆续向设计人提交设计的依据文件和相关资料，以保证设计工作的顺利进行。如果发包人提交上述资料及文件超过规定期限15天以内，设计人规定的交付设计文件时间相应顺延；交付上述资料及文件超过规定期限15天以上时，设计人有权重新确定提交设计文件的时间。因此，本题的正确答案为C。

36.【试题答案】D

【试题解析】本题考查重点是"FIDIC施工合同条件部分条款"。颁发履约证书后将全部保留金返还承包商。因此，本题的正确答案为D。

37.【试题答案】A

【试题解析】本题考查重点是"英国NEC合同文本"。核心条款是施工合同的基础和框架，规定的工作程序和责任适用于施工承包、设计施工总承包和交钥匙工程承包的各类施工合同。因此，本题的正确答案为A。

38.【试题答案】C

【试题解析】本题考查重点是"设计合同履行管理"。在某些特殊情况下，发包人需要委托其他设计单位完成设计变更工作，如变更增加的设计内容专业性特点较强；超过了设计人资质条件允许承接的工作范围；或施工期间发生的设计变更，设计人由于资源能力所限，不能在要求的时间内完成等原因。在此情况下，发包人经原建设工程设计人书面同意后，也可以委托其他具有相应资质的建设工程勘察、设计单位修改。修改单位对修改的勘察、设计文件承担相应责任，设计人不再对修改的部分负责，所以选项A正确；发包人变更委托设计项目、规模、条件或因提交的资料错误，或所提交资料作较大修改，以致造成设计人设计需返工时，双方除需另行协商签订补充协议、重新明确有关条款外，发包人应按设计人所耗工作量向设计人增付设计费，所以选项B正确；如果发包人根据工程的实际需要确需修改建设工程勘察、设计文件时，应当首先报经原审批机关批准，然后由原建设工程勘察、设计单位修改。经过修改的设计文件仍需按设计管理程序经有关部门审批后使用，所以选项C错误；设计人交付设计资料及文件后，需按规定参加有关的设计审查，并根据审查结论负责对不超出原定范围的内容做必要的调整补充，所以选项D正确。因此，本题的正确答案为C。

39. 【试题答案】B

【试题解析】本题考查重点是"担保方式——留置"。留置，是指债权人按照合同约定占有对方（债务人）的财产，当债务人不能按照合同约定期限履行债务时，债权人有权依照法律规定留置该财产并享有处置该财产得到优先受偿的权利。留置权以债权人合法占有对方财产为前提，并且债务人的债务已经到了履行期。担保法规定，能够留置的财产仅限于动产，且只有因保管合同、运输合同、承揽合同发生的债权，债权人才有可能实施留置。因此，本题的正确答案为B。

40. 【试题答案】C

【试题解析】本题考查重点是"FIDIC施工合同条件部分条款"。FIDIC《施工合同条件》规定6类情况属于变更的范畴，在我国标准施工合同"变更"条款下规定了5种属于变更的情况，相差的一项为"合同中包括的任何工作内容数量的改变"。因此，本题的正确答案为C。

41. 【试题答案】B

【试题解析】本题考查重点是"设计施工总承包合同的订立——订立合同时需要明确的内容"。专用条款内应明确约定由发包人提供的文件的内容、数量和期限。因此，本题的正确答案为B。

42. 【试题答案】C

【试题解析】本题考查重点是"建设工程合同的种类"。承包人经发包人认可，将承包的工程中部分施工任务交与其他人完成而订立的合同，即为施工分包合同。因此，本题的正确答案为C。

43. 【试题答案】A

【试题解析】本题考查重点是"英国NEC合同文本"。管理承包商与若干施工分包商订立分包合同，确定的分包合同履行费用由雇主支付。因此，本题的正确答案为A。

44. 【试题答案】B

【试题解析】本题考查重点是"FIDIC施工合同条件部分条款"。FIDIC《施工合同条件》规定6类情况属于变更的范畴，在我国标准施工合同"变更"条款下规定了5种属于变更的情况，相差的一项为"合同中包括的任何工作内容数量的改变"。因此，本题的正确答案为B。

45. 【试题答案】B

【试题解析】本题考查重点是"无权代理"。对于无权代理行为，"被代理人"可以根据无权代理行为的后果对自己有利或不利的原则，行使"追认权"或"拒绝权"。行使追认权后，将无权代理行为转化为合法的代理行为。第三人事后知道对方为无权代理的，可以向"被代理人"行使催告权，也可以撤销此前的行为。《民法通则》规定，无权代理行为只有经过"被代理人"的追认，被代理人才承担民事责任。未经追认的行为，由行为人承担民事责任，但"本人知道他人以自己的名义实施民事行为而不作否认表示的，视为同意"。因此，本题的正确答案为B。

46. 【试题答案】D

【试题解析】本题考查重点是"建设工程勘察设计合同概念"。建设工程勘察合同是指根据建设工程的要求，查明、分析、评价建设场地的地质地理环境特征和岩土工程条件，编制建设工程勘察文件订立的协议。因此，本题的正确答案为 D。

47.【试题答案】C

【试题解析】本题考查重点是"订立设计合同时应约定的内容"。设计依据文件和资料：①经批准的项目可行性研究报告或项目建议书；②城市规划许可文件；③工程勘察资料等。因此，本题的正确答案为 C。

48.【试题答案】C

【试题解析】本题考查重点是"美国 AIA 合同文本"。美国 AIA 合同文本包括：①A 系列：雇主与施工承包商、CM 承包商、供应商之间的合同，以及总承包商与分包商之间合同的文本；②B 系列：雇主与建筑师之间合同的文本；③C 系列：建筑师与专业咨询机构之间合同的文本；④D 系列：建筑师行业的有关文件；⑤E 系列：合同和办公管理中使用的文件。因此，本题的正确答案为 C。

49.【试题答案】B

【试题解析】本题考查重点是"大型设备采购招标方式和基本程序"。工程建设机电产品国际招标投标一般应采用公开招标的方式进行；根据法律、行政法规的规定，不适宜公开招标的，可以采取邀请招标，采用邀请招标方式的项目应当向商务部备案。工程建设机电产品国际招标采购应当采用国际招标的方式进行；已经明确采购产品的原产地在国内的，可以采用国内招标的方式进行。因此，本题的正确答案为 B。

50.【试题答案】C

【试题解析】本题考查重点是"工程设计招标概述"。设计招标文件中仅提出设计依据、工程项目应达到的技术指标、项目限定的工作范围、项目所在地的基本资料、要求完成的时间等内容，而无具体的工作量。因此，本题的正确答案为 C。

二、多项选择题

51.【试题答案】AE

【试题解析】本题考查重点是"设计施工总承包的特点"。总承包方式的缺点包括：①设计不一定是最优方案；②减弱实施阶段发包人对承包人的监督和检查。因此，本题的正确答案为 AE。

52.【试题答案】BCDE

【试题解析】本题考查重点是"工程设计招标概述"。评标时不过分追求投标价的高低，评标委员更多关注于所提供方案的技术先进性、所达到的技术指标、方案的合理性，以及对工程项目投资效果的影响等方面的因素，以此做出一个综合判断。因此，本题的正确答案为 BCDE。

53.【试题答案】ABC

【试题解析】本题考查重点是"施工招标程序"。对于邀请招标的项目，招标人要发出投标邀请书，其主要内容包括：招标条件；项目概况与招标范围；投标人资格要求；招标文件的获取；投标文件的递交和确认以及联系方式。因此，本题的正确答案为 ABC。

54.【试题答案】ABCD

【试题解析】本题考查重点是"建筑工程设计投标管理"。设计方案评审内容主要包括：①设计指导思想是否正确；②设计产品方案是否反映了国内外同类工程项目较先进的水平；③总体布置的合理性，场地利用系数是否合理；④工艺流程是否先进；⑤设备选型的适用性；⑥主要建筑物、构筑物的结构是否合理，造型是否美观大方并与周围环境协调；⑦"三废"治理方案是否有效；⑧以及其他有关问题。因此，本题的正确答案为AB-CD。

55.【试题答案】BE

【试题解析】本题考查重点是"建设工程合同的种类"。从承发包的不同范围和数量进行划分，可以将建设工程合同分为建设工程设计施工总承包合同、工程施工承包合同、施工分包合同。按完成承包的内容进行划分，建设工程合同可以分为建设工程勘察合同、建设工程设计合同和建设工程施工合同三类。因此，本题的正确答案为BE。

56.【试题答案】BC

【试题解析】本题考查重点是"工程建设涉及的主要险种"。建筑工程一切险如果加保第三者责任险，则保险人对下列原因造成的损失和费用，负责赔偿：①在保险期限内，因发生与所保工程直接相关的意外事故引起工地内及邻近区域的第三者人身伤亡、疾病或财产损失；②被保险人因上述原因而支付的诉讼费用以及事先经保险人书面同意而支付的其他费用。因此，本题的正确答案为BC。

57.【试题答案】BCD

【试题解析】本题考查重点是"担保方式"。具有代为清偿债务能力的法人、其他组织或者公民，可以作为保证人。但是，以下组织不能作为保证人：①企业法人的分支机构、职能部门。企业法人的分支机构有法人书面授权的，可以在授权范围内提供保证；②国家机关。经国务院批准为使用外国政府或者国际经济组织贷款进行转贷的除外；③学校、幼儿园、医院等以公益为目的的事业单位、社会团体。因此，本题的正确答案为BCD。

58.【试题答案】ABC

【试题解析】本题考查重点是"施工合同标准文本"。标准施工合同规定的预付款担保采用银行保函形式，主要特点为：①担保方式；②担保期限；③担保金额。因此，本题的正确答案为ABC。

59.【试题答案】CDE

【试题解析】本题考查重点是"设计施工总承包合同管理有关各方的职责"。在项目实施过程中可能需要分包人承担部分工作，如设计分包人、施工分包人、供货分包人等。因此，本题的正确答案为CDE。

60.【试题答案】AD

【试题解析】本题考查重点是"设计施工总承包合同管理有关各方的职责"。由于联合体的组成和内部分工是评标中很重要的评审内容，联合体协议经发包人确认后已作为合同附件，因此通用条款规定，履行合同过程中，未经发包人同意，承包人不得擅自改变联合体的组成和修改联合体协议。因此，本题的正确答案为AD。

61.【试题答案】ABCE

【试题解析】本题考查重点是"施工合同的订立——合同文件"。投标函附录是投标函内承诺部分主要内容的细化，包括项目经理的人选、工期、缺陷责任期、分包的工程部位、公式法调价的基数和系数等的具体说明。因此，本题的正确答案为ABCE。

62.【试题答案】ABCE

【试题解析】本题考查重点是"设计施工总承包合同管理有关各方的职责"。承包人是总承包合同的另一方当事人，按合同的约定承担完成工程项目的设计、招标、采购、施工、试运行和缺陷责任期的质量缺陷修复责任。因此，本题的正确答案为ABCE。

63. 【试题答案】ABC

【试题解析】本题考查重点是"合同法律关系的产生、变更与消灭"。事件是指不以合同法律关系主体的主观意志为转移而发生的，能够引起合同法律关系产生、变更、消灭的客观现象。因此，本题的正确答案为ABC。

64. 【试题答案】CD

【试题解析】本题考查重点是"材料采购合同的履行管理——违约责任"。对于供货方提前发运或交付的货物，买受人仍可按合同规定的时间付款，而且对多交货部分，以及品种、型号、规格、质量等不符合合同规定的产品，在代为保管期内实际支出的保管、保养等费用由供货方承担。因此，本题的正确答案为CD。

65. 【试题答案】ABCE

【试题解析】本题考查重点是"保证在建设工程中的应用"。招标人可以在招标文件中要求投标人提交投标保证金。投标保证金除现金外，可以是银行出具的银行保函、保兑支票、银行汇票或现金支票。因此，本题的正确答案为ABCE。

66. 【试题答案】AD

【试题解析】本题考查重点是"建设工程勘察设计合同示范文本"。建设工程勘察合同（二）示范文本的委托工作内容仅涉及岩土工程，包括取得岩土工程的勘察资料，对项目的岩土工程进行设计、治理和监测工作。因此，本题的正确答案为AD。

67. 【试题答案】ABE

【试题解析】本题考查重点是"承包人的义务"。按照《建设工程安全生产管理条例》规定，在施工组织设计中应针对深基坑工程、地下暗挖工程、高大模板工程、高空作业工程、深水作业工程、大爆破工程的施工编制专项施工方案。对于前3项危险性较大的分部分项工程的专项施工，还需经5人以上专家论证方案的安全性和可靠性。因此，本题的正确答案为ABE。

68. 【试题答案】CDE

【试题解析】本题考查重点是"标准施工招标文件"。投标人须知包括前附表、正文和附表格式三部分。因此，本题的正确答案为CDE。

69. 【试题答案】ACD

【试题解析】本题考查重点是"设计合同履行管理"。为了维护设计文件的严肃性，经过批准的设计文件不应随意变更。发包人、施工承包人、监理人均不得修改建设工程勘察、设计文件。如果发包人根据工程的实际需要确需修改建设工程勘察、设计文件时，应当首先报经原审批机关批准，然后由原建设工程勘察、设计单位修改。经过修改的设计文件仍需按设计管理程序经有关部门审批后使用。因此，本题的正确答案为ACD。

70. 【试题答案】AD

【试题解析】本题考查重点是"建设工程合同的种类"。从承发包的不同范围和数量进行划分，可以将建设工程合同分为建设工程设计施工总承包合同、工程施工承包合同、施工分包合同。按完成承包的内容进行划分，建设工程合同可以分为建设工程勘察合同、建设工程设计合同和建设工程施工合同三类。因此，本题的正确答案为 AD。

71.【试题答案】ABDE

【试题解析】本题考查重点是"英国 NEC 合同文本"。工程施工合同第二版中的核心条款设有 9 条：总则；承包商的主要责任；工期；测试和缺陷；付款；补偿事件；所有权；风险和保险；争端和合同终止。共有 155 款。因此，本题的正确答案为 ABDE。

72.【试题答案】AE

【试题解析】本题考查重点是"施工招标概述"。必须招标的范围：关系社会公共利益、公众安全的基础设施项目；关系社会公共利益、公众安全的公用事业项目；使用国有资金投资项目；国家融资项目；使用国际组织或者外国政府资金的各类建设项目，施工单项合同估算价在200 万元人民币以上，或单项合同估算价虽低于200 万元人民币，但项目总投资额在3000 万元人民币以上的工程应采用招标方式订立合同。因此，本题的正确答案为 AE。

73.【试题答案】ACE

【试题解析】本题考查重点是"英国 NEC 合同文本"。核心条款是施工合同的基础和框架，规定的工作程序和责任适用于施工承包、设计施工总承包和交钥匙工程承包的各类施工合同。因此，本题的正确答案为 ACE。

74.【试题答案】ABCD

【试题解析】本题考查重点是"工程建设涉及的主要险种"。保险人对下列原因造成的损失和费用，负责赔偿：①自然灾害，指地震、海啸、雷电、飓风、台风、龙卷风、风暴、暴雨、洪水、水灾、冻灾、冰雹、地崩、山崩、雪崩、火山爆发、地面下陷下沉及其他人力不可抗拒的破坏力强大的自然现象；②意外事故，指不可预料的以及被保险人无法控制并造成物质损失或人身伤亡的突发性事件，包括火灾和爆炸。因此，本题的正确答案为 ABCD。

75.【试题答案】ABE

【试题解析】本题考查重点是"设计合同履行管理——发包人的责任"。发包人和设计人必须共同保证施工图设计满足以下条件：①建筑物（包括地基基础、主体结构体系）的设计稳定、安全、可靠；②设计符合消防、节能、环保、抗震、卫生、人防等有关强制性标准、规范；③设计的施工图达到规定的设计深度；④不存在有可能损害公共利益的其他影响。因此，本题的正确答案为 ABE。

76.【试题答案】ABDE

【试题解析】本题考查重点是"标准施工招标文件"。附表格式是招标过程中用到的标准化格式，包括：开标记录表、问题澄清通知书格式、中标通知书格式和中标结果通知书格式。因此，本题的正确答案为 ABDE。

77.【试题答案】BCE

【试题解析】本题考查重点是"设计合同履行管理"。发包人的责任：①提供必要的现场开展工作条件；②外部协调工作；③其他相关工作；④保护设计人的知识产权；⑤遵循合理设计周期的规律。因此，本题的正确答案为 BCE。

78.【试题答案】BCDE

【试题解析】本题考查重点是"大型工程设备采购招标概述"。与一般的通用设备相比，大型工程设备采购招标中具有标的物数量少、金额大、质量和技术复杂、技术标准高、对投标人资质和能力条件要求高等方面的特征。因此，本题的正确答案为BCDE。

79.【试题答案】BCDE

【试题解析】本题考查重点是"建设工程材料设备采购合同的特点"。建筑材料采购合同的条款一般限于物资交货阶段，主要涉及交接程序、检验方式、质量要求和合同价款的支付等。因此，本题的正确答案为BCDE。

80.【试题答案】ACDE

【试题解析】本题考查重点是"材料采购合同的主要内容"。按照《合同法》的分类，材料采购合同属于买卖合同，合同条款一般包括以下几方面内容：①产品名称、商标、型号、生产厂家、订购数量、合同金额、供货时间及每次供应数量；②质量要求的技术标准，供货方对质量负责的条件和期限；③交（提）货地点、方式；④运输方式及到站、港和费用的负担责任；⑤合理损耗及计算方法；⑥包装标准、包装物的供应与回收；⑦验收标准、方法及提出异议的期限；⑧随机备品、配件工具数量及供应办法；⑨结算方式及期限；⑩如需提供担保，另立合同担保书作为合同附件；⑪违约责任；⑫解决合同争议的方法；⑬其他约定事项。因此，本题的正确答案为ACDE。

第八套模拟试卷

一、单项选择题（共 50 题，每题 1 分。每题的备选项中，只有 1 个最符合题意）

1. 以下（　　）专项施工方案需要进行 5 人以上专家论证方案的安全性和可靠性。

    A. 高空作业工程　　　　　　　　　　B. 地下暗挖工程

    C. 大爆破工程　　　　　　　　　　　D. 深水作业工程

2. 因不可抗力发生，工程所需清理修复费用由（　　）承担。

    A. 发包人　　　　　　　　　　　　　B. 承包人

    C. 发包人和承包人协商　　　　　　　D. 发包人和承包人共同

3. 发包人将全部或部分施工任务发包给一个承包人的合同，即为（　　）。

    A. 建设工程设计施工总承包合同　　　B. 施工承包合同

    C. 施工分包合同　　　　　　　　　　D. 建设工程施工合同

4. （　　）可用保兑支票、银行汇票或现金支票，一般情况下额度为合同价格的 10%。

    A. 履约担保金　　　　　　　　　　　B. 履约银行保函

    C. 履约商业保函　　　　　　　　　　D. 履约担保书

5. 在进行大型工程设备的采购招标过程中，投标人（　　）情形属于没有进行商务角度实质性响应，其投标将被否决。

    A. 单价计算结果与总价不一致

    B. 复制投标文件的技术规格及相关部分内容作为投标文件的一部分

    C. 投标人业绩超出招标文件的要求

    D. 无法定代表人的签字和盖章

6. 建设工程合同的标的是（　　）。

    A. 行为　　　　　　　　　　　　　　B. 智力成果

    C. 法人　　　　　　　　　　　　　　D. 各类建筑产品

7. 根据《建设工程设计合同（示范文本）》，下列关于建设工程设计深度要求的说法中正确的是（　　）。

    A. 设计标准不得高于国家规范的强制性要求

    B. 技术设计文件应满足编制初步设计文件的需要

    C. 施工图设计文件应满足设备材料采购的需要

    D. 方案设计文件应满足编制工程预算的要求

8. 下列关于设计施工总承包合同的说法正确的是（　　）。

    A. 设计方案最优　　　　　　　　B. 有利于发包人对承包人的监督和检查

    C. 可以减少设计变更　　　　　　D. 增加承包人的索赔

9. 在进行大型工程设备的采购招标过程中，投标人（　　）情形属于没有进行实质性相应，其投标将被否决。

A. 按照招标文件按时交纳投标保证金，但是金额不足

B. 按照招标文件要求逐页签字

C. 投标人业绩超出招标文件的要求

D. 有法定代表人的签字和盖章

10. 根据 FIDIC 施工合同条件部分条款的规定，助手相当于我国项目监理机构中的（   ），工程师可以向助手指派任务和付托部分权力。

    A. 一级监理工程师   B. 二级监理工程师

    C. 三级监理工程师   D. 专业监理工程师

11. 如果工程延期竣工，承包人有义务保证履约担保继续有效。由于发包人原因导致延期的，继续提供履约担保所需的费用由（   ）承担；由于承包人原因导致延期的，继续提供履约担保所需费用由（   ）承担。

    A. 承包人，承包人   B. 发包人，发包人

    C. 承包人，发包人   D. 发包人，承包人

12. 建设工程中涉及的代理主要是（   ）。

    A. 法定代理   B. 指定代理

    C. 转代理   D. 委托代理

13. 工程施工合同文本为了广泛适用于各类的土木工程施工管理，标准文本的结构采用在核心条款的基础上，使用者根据实施工程的承包特点，采用（   ）形式，选择本工程适用的主要选项条款和次要选项条款，形成具体的工程施工合同。

    A. 三角形组合   B. 梯形组合

    C. 金字塔组合   D. 积木块组合

14. 设计施工总承包合同谈判阶段，随着（   ）的调整，承包人建议书也应对一些技术细节进一步予以明确或补充修改，作为合同文件的组成部分。

    A. 合同协议书   B. 专用条款

    C. 通用合同条款   D. 发包人要求

15. FIDIC《施工合同条件》规定，由于（   ），对不可抗力的损害后果不承担责任。

    A. 以施工现场人员和财产的归属

    B. 发包人和承包人各自承担本方的损失

    C. 延误的工期相应顺延

    D. 承包商的中标合同价内未包括不可抗力损害的风险费用

16. 某材料采购合同中，双方约定的违约金是 10 万元。由于供货方违约不能交货，采购方为避免停工待料，不得不以较高价格紧急采购，为此多付价款 20 万元（无其他损失），若停工待料采购方的损失为 50 万元。供货方应支付的违约金额为（   ）。

    A. 10 万元   B. 20 万元

    C. 30 万元   D. 50 万元

17. 工程项目的设计成果完成后，由（   ）负责组织鉴定、验收和向设计审批部门报批。

    A. 设计人   B. 监理人

    C. 审图机构   D. 发包人

18. 设计施工阶段的总承包合同履行管理，当符合专用条款约定的开始工作条件时，监理

人获得发包人同意后应提前(　　　)天向承包人发出开始工作通知。

    A. 1   B. 3

    C. 5   D. 7

19. 在建设项目各类招标中，不要求投标人依据给定工作量报价的是(　　　)招标。

    A. 施工   B. 设备采购

    C. 设计   D. 材料采购

20. 以下(　　　)专项施工方案需要进行5人以上专项论证方案的安全性和可靠性。

    A. 高大模板工程   B. 浅基坑工程

    C. 大爆破工程   D. 脚手架工程

21. 中华人民共和国商务部机电和科技产业司(　　　)年编制发布了《机电产品采购国际竞争性招标文件》，对机电产品采购合同做了规定。

    A. 2006   B. 2007

    C. 2008   D. 2009

22. 按照《建设工程设计合同示范文本》规定，设计人按合同规定时限交付设计资料及文件后，如果在1年内项目未开始施工，则设计人(　　　)。

    A. 不再负责处理有关设计问题

    B. 仍应无偿负责处理有关设计问题

    C. 仍应负责处理有关设计问题，但可不再负责设计变更

    D. 仍应负责处理有关设计问题，但可适当收取咨询服务费

23. 误期赔偿费的最高限额为合同价格的(　　　)，一旦达到误期赔偿费的最高限额，买方可考虑根据合同的规定终止合同。

    A. 1%   B. 2%

    C. 3%   D. 5%

24. 招标人最迟应当在书面合同签订后(　　　)日内向中标人和未中标的投标人退还投标保证金及银行同期存款利息。

    A. 2   B. 3

    C. 5   D. 7

25. 虽然中标方案发包人已接受，但发包人可能对其中的一些技术细节或实施计划提出进一步修改意见，因此在合同谈判阶段需要通过协商对其进行修改或补充，以便成为最终的(　　　)文件。

    A. 合同协议书   B. 专用条款

    C. 发包人要求   D. 承包人建议书

26. 下列各项中，不属于保证合同的内容的有(　　　)。

    A. 被保证的主债权种类、数额   B. 债务人履行债务的期限

    C. 保证的方式   D. 债权人认为需要约定的其他事项

27. 指定分包商条款的合理性，以不得损害(　　　)的合法利益为前提。

    A. 雇主   B. 工程师

    C. 监理人   D. 承包商

28. 甲建设单位确定乙施工单位为中标单位，于2013年5月1日发出中标通知书，双方

最迟应该在（　　）签订书面合同。

    A. 2013 年 5 月 15 日　　　　　　　　　　B. 2013 年 5 月 16 日

    C. 2013 年 5 月 30 日　　　　　　　　　　D. 2013 年 5 月 31 日

29. 由于采购方在合同内错填到货地点导致供货方送货不能顺利交接货物的，所产生的后果由（　　）承担。

    A. 采购方　　　　　　　　　　　　　　　B. 代运方

    C. 供货方　　　　　　　　　　　　　　　D. 采购方和供货方共同

30. 担保方式中的保证是指（　　）。

    A. 债务人和债权人的约定　　　　　　　　B. 保证人和债务人的约定

    C. 保证人和债权人的约定　　　　　　　　D. 公证人和债权人的约定

31. （　　）是对核心条款的补充和细化。

    A. 合同条款　　　　　　　　　　　　　　B. 主要选项条款

    C. 次要选项条款　　　　　　　　　　　　D. 基础条款

32. 如果卖方没有按照合同规定的时间交货和提供服务，每延误一周的赔偿费按迟交货物交货价或未提供服务的服务费用的（　　）计收，直至交货或提供服务为止。

    A. 0.1%　　　　　　　　　　　　　　　　B. 0.2%

    C. 0.5%　　　　　　　　　　　　　　　　D. 1%

33. 设计施工总承包合同模式下，某工程合同约定需要进行竣工后试验，则其履约担保需要在（　　）一直有效。

    A. 竣工验收前　　　　　　　　　　　　　B. 颁发工程接收证书前

    C. 工程移交前　　　　　　　　　　　　　D. 竣工后试验通过前

34. 建设工程项目设备材料采购招标，对于技术复杂或技术规格、性能、技术要求难以统一的，一般采用（　　）进行评标。

    A. 最低投标价法　　　　　　　　　　　　B. 综合评标法

    C. 综合评估法　　　　　　　　　　　　　D. 评标价法

35. 虽然设计和施工过程中，发包人也聘请监理人（或发包人代表），但由于设计方案和质量标准均出自（　　）。

    A. 承包人　　　　　　　　　　　　　　　B. 工程师

    C. 发包人　　　　　　　　　　　　　　　D. 项目经理

36. 图纸会审和设计交底应由（　　）来组织进行。

    A. 发包人　　　　　　　　　　　　　　　B. 承包人

    C. 设计人　　　　　　　　　　　　　　　D. 监理单位

37. 美国 AIA 合同文本中的 E 系列是指（　　）。

    A. 合同和办公管理中使用的文件　　　　　B. 雇主与建筑师之间合同的文本

    C. 建筑师与专业咨询机构之间合同的文本　D. 建筑师行业的有关文件

38. 依法必须进行招标的工程建设项目，工期不超过（　　）个月。

    A. 3　　　　　　　　　　　　　　　　　B. 6

    C. 9　　　　　　　　　　　　　　　　　D. 12

39. 设计施工总承包合同文件中的中标通知书、投标函及附录、其他合同文件的含义与

（ ）的规定相同。

    A. 专业服务合同   B. 工程施工合同

    C. 标准施工合同   D. 建设施工合同

40. 授予代理权的形式（ ）。

    A. 可以用书面形式，也可以用口头形式

    B. 可以用书面形式，不可以用口头形式

    C. 不可以用书面形式，但可以用口头形式

    D. 不可以用书面形式，也不可以用口头形式

41. 保证期间债权人与债务人协议变更主合同或者债权人许可债务人转让债务的，应当取得保证人的（ ），否则保证人不再承担保证责任。保证合同另有约定的按照约定。

    A. 书面同意   B. 口头同意

    C. 签字盖章   D. 签字

42. 材料采购合同履行中，供货方提前将订购的材料发运到工程所在地，且交付数量远少于合同约定，采购方应该（ ）。

    A. 提取部分材料，按实际交付数量付款

    B. 按合同订购的数量提货，也按合同订购数量付款

    C. 拒绝提前提货，拒付货款

    D. 提取全部材料，可以拒付少交部分的货款

43. 设计施工总承包合同的价格清单与施工招标由发包人依据设计图纸的概算量提出工程量清单，经（ ）填写单价后计算价格的方式不同。

    A. 承包人   B. 分包人

    C. 工程师   D. 监理人

44. 设计合同履行过程中，设计审批部门拖延对设计文件审批的损失应由（ ）承担。

    A. 发包人   B. 设计人

    C. 发包人和设计人共同   D. 设计审批部门

45. 建设工程施工招标的评标办法分为（ ）。

    A. 经评审的最高投标价法和综合评估法

    B. 经评审的最高投标价法和科学评估法

    C. 经评审的最低投标价法和综合评估法

    D. 经评审的最低投标价法和科学评估法

46. 某施工合同履行时，因施工现场尚不具备开工条件，已进场的承包人不能按约定日期开工，则发包人（ ）。

    A. 应赔偿承包人的损失，相应顺延工期

    B. 应赔偿承包人的损失，但工期不予顺延

    C. 不赔偿承包人的损失，但相应顺延工期

    D. 不赔偿承包人的损失，工期不予顺延

47. 标准施工招标文件中的（ ）由国务院有关行业主管部门和招标人根据需要编制。

    A. 通用合同条款   B. 常用合同条款

    C. 专用合同条款   D. 合同附件格式

48. 美国 AIA 合同文本中的 B 系列是指（　　）。

　　A. 雇主与施工承包商、CM 承包商、供应商之间的合同，以及总承包商与分包商之间合同的文本

　　B. 雇主与建筑师之间合同的文本

　　C. 建筑师与专业咨询机构之间合同的文本

　　D. 建筑师行业的有关文件

49. 保险决策主要表现在（　　）。

　　A. 是否投保和选择保险人　　　　　　　B. 是否投保和选择被保险人

　　C. 是否投保和选择受益人　　　　　　　D. 选择保险人和选择受益人

50. 标的物需要运输的，出卖人应当将标的物交付给（　　）以运交给买受人。

　　A. 承运人　　　　　　　　　　　　　　B. 第一承运人

　　C. 委托人　　　　　　　　　　　　　　D. 运输人

二、多项选择题（共 30 题，每题 2 分。每题的备选项中，有 2 个或 2 个以上符合题意，至少有 1 个错项。错选，本题不得分；少选，所选的每个选项得 0.5 分）

51. 建设工程项目设备材料采购招标，综合评标法需要考虑（　　）因素。

　　A. 投标价　　　　　　　　　　　　　　B. 付款条件

　　C. 设备性能　　　　　　　　　　　　　D. 寿命残值

　　E. 燃料消耗费

52. 设计施工总承包合同规定，发包人要求文件说明的功能要求方面的内容包括（　　）。

　　A. 工程的目的　　　　　　　　　　　　B. 工程规模

　　C. 技术服务工作范围　　　　　　　　　D. 性能保证指标

　　E. 产能保证指标

53. 建筑工程一切险的保险人对（　　）造成的损失不负责赔偿。

　　A. 设计错误引起的损失和费用

　　B. 维修保养或正常检修的费用

　　C. 暴雨、洪水、水灾、冻灾

　　D. 外力引起的机械或电气装置的本身损失

　　E. 盘点时发现的短缺

54. 设计施工总承包合同规定，发包人要求文件说明的时间要求方面的内容包括（　　）。

　　A. 开始工作时间　　　　　　　　　　　B. 工作界区说明

　　C. 临时工程的设计与施工范围　　　　　D. 设计完成时间

　　E. 进度计划

55. 标准施工招标文件的投标人须知的正文包括（　　）。

　　A. 总则　　　　　　　　　　　　　　　B. 招标文件

　　C. 投标文件　　　　　　　　　　　　　D. 纪律和监督

　　E. 附表格式

56. 标准施工合同通用条款中对监理人的定义是，"受发包人委托对合同履行实施管理的（　　）"，即属于受发包人聘请的管理人，与承包人没有任何利益关系。

A. 法人 B. 自然人

C. 工程师 D. 项目经理

E. 其他组织

57. 施工中若发包人出于某种考虑要求提前竣工，发包人要（　　）。

A. 负责修改施工进度计划

B. 向承包人直接发出提前竣工的指令

C. 与承包人协商并签订提前竣工协议

D. 为承包人提供赶工的便利条件

E. 减少对工程质量的检测试验

58. 发包人是否负责提供施工设备和临时设施，在通用条款中给出的选择包括（　　）。

A. 由承包人包工包料承包，发包人不提供工程材料和设备

B. 发包人负责提供主材料和工程设备的包工部分包料承包方式

C. 发包人不提供施工设备或临时设施

D. 承包人负责提供主材料和工程设备的包工部分包料承包方式

E. 发包人提供部分施工设备或临时设施

59. 在设计合同履行过程中，设计人的责任包括（　　）。

A. 按时提供设计依据文件和基础资料

B. 施工图设计完成后，组织鉴定和验收

C. 负责审查外商提供的设计资料

D. 保证设计质量

E. 设计交底

60. 招标人向建设行政主管部门申请办理招标手续时，所提供的招标备案文件应说明的情况有（　　）。

A. 计划工期 B. 对投标人的资质要求

C. 招标工作范围 D. 资格预审条件

E. 招标方式

61. 项目经理和承包商都可以提出召开早期警告会议，并在对方同意后邀请其他方出席，可能包括（　　）。

A. 分包商 B. 供应商

C. 裁决人 D. 公用事业部门

E. 地方行政机关代表

62. 施工招标资格审查报告的内容包括（　　）。

A. 基本情况和数据表 B. 资格审查委员会名单

C. 投标人员名单 D. 澄清、说明、补正事项纪要等

E. 评分比较一览表的排序

63. 按照《招标投标法》，关于招标方式的说法，正确的有（　　）。

A. 公开招标的投标人不受地域和行业限制 B. 议标是招标方式的一种

C. 竞争性谈判是招标方式的一种 D. 邀请招标不能限制投标人的数量

E. 公开招标意味着招标时间长、费用高

64. 因勘察质量造成重大经济损失或工程事故时，勘察人可能承担的责任包括(　　)。

    A. 负法律责任
    B. 免收直接受损失部分的勘察费

    C. 负行政责任
    D. 支付赔偿金

    E. 吊销勘察机构资质

65. 标准施工合同中给出的合同附件格式，是订立合同时采用的规范化文件，包括(　　)。

    A. 合同协议书
    B. 履约保函

    C. 中标通知书
    D. 预付款保函

    E. 发包人义务

66. 建筑工程设计投标管理中的投入、产出经济效益比较主要涉及(　　)方面。

    A. 建筑标准是否合理

    B. 投资时间的长短

    C. 投资估算是否超过限制

    D. 先进的工艺流程可能带来的投资回报

    E. 实现该方案可能需要的外汇估算

67. 订购物资或产品的供应方式，可以分为(　　)。

    A. 采购方到合同约定地点自提货物
    B. 采购方到商家自提货物

    C. 供货方负责将货物邮寄到指定地点
    D. 供货方负责将货物送达买家

    E. 供货方负责将货物送达指定地点

68. 质押可分为(　　)。

    A. 动产质押
    B. 不动产质押

    C. 权利质押
    D. 义务质押

    E. 最高额质押

69. 工程设计阶段 CM 承包商就介入，为设计者提供建议。建议的内容可能包括(　　)。

    A. 将预先考虑的施工影响因素供设计者参考

    B. 尽可能使设计具有可施工性

    C. 节省工程时间

    D. 运用价值工程提出改进设计的建议

    E. 节省工程总投资

70. 建设工程设计合同示范文本中，发包人委托的设计任务可以包括(　　)。

    A. 项目建议书
    B. 初步设计

    C. 方案设计
    D. 产品设计

    E. 施工图设计

71. 材料采购合同履行过程中，采购方应承担违约责任的情况有(　　)。

    A. 不按合同约定的时间支付货款

    B. 拒付质量合格但与订购规格不符的材料货款

    C. 不按合同约定接受运抵的货物

    D. 拒绝接收因包装不合格致使运输过程受到损坏的货物

    E. 变更到货地点的通知迟于供货方的发货时间而拒绝承担货物转运费用

72. 合同法律关系的要素有（　　）。
    A. 合同法律关系权利
    B. 合同法律关系义务
    C. 合同法律关系主体
    D. 合同法律关系客体
    E. 合同法律关系内容

73. 采取公开招标方式进行设计招标时，应对（　　）进行审查。
    A. 能力
    B. 资质
    C. 资金
    D. 经验
    E. 年龄

74. 风险型 CM 承包商应（　　）。
    A. 非常熟悉施工工艺和方法
    B. 了解施工成本的组成
    C. 有很高的施工管理和组织协调能力
    D. 尽可能使设计具有可施工性
    E. 节省工程总投资

75. 下列关于设计施工总承包合同的说法，正确的是（　　）。
    A. 合同责任单一
    B. 有利于发包人对承包人的监督和检查
    C. 固定工期、固定费用
    D. 减少承包人的索赔
    E. 可以缩短建设周期

76. 现场踏勘是指招标人组织投标人对项目的实施现场的（　　）等客观条件和环境进行的现场调查。
    A. 经济
    B. 地理
    C. 地质
    D. 气候
    E. 人文

77. 履约保证的形式有（　　）。
    A. 履约担保金
    B. 履约保证金
    C. 履约银行保函
    D. 履约商业保函
    E. 履约担保书

78. 按照设计合同示范文本的规定，在设计合同的履行中，发包人要求终止或解除合同，后果责任包括（　　）。
    A. 设计人未开始设计工作的，退还发包人已付的定金
    B. 设计人未开始设计工作的，不退还发包人已付定金
    C. 设计工作不足一半时，按该阶段设计费的一半支付设计费
    D. 设计工作超过一半时，按实际完成的工作量支付设计费
    E. 设计工作超过一半时，按该阶段设计费的全部支付设计费

79. 简明施工合同通用条款的标题包括（　　）。
    A. 施工设备和临时设施
    B. 施工控制网
    C. 工程质量
    D. 缺陷责任与保修责任
    E. 交通运输

80. 根据《建设工程设计合同（示范文本）》的规定，下列关于违约责任的表述中，正确的是（　　）。
    A. 合同生效后，设计人要求终止或解除合同，设计人应双倍返还定金

B. 发包人应按合同规定的金额和时间向设计人支付设计费，每逾期支付 1 天，应承担应支付金额 2‰的逾期违约金，但设计人提交设计文件的时间不予顺延

C. 由于设计人员错误造成工程质量事故损失，设计人除负责采取补救措施外，还应免收直接受损失部分的设计费

D. 在合同履行期间，发包人要求终止合同，设计人未开始设计工作的，应退还发包人已付的定金

E. 由于不可抗力因素致使合同无法履行时，双方应及时协商解决

第八套模拟试卷参考答案、考点分析

一、单项选择题

1. 【试题答案】B

【试题解析】本题考查重点是"承包人的义务"。按照《建设工程安全生产管理条例》规定，在施工组织设计中应针对深基坑工程、地下暗挖工程、高大模板工程、高空作业工程、深水作业工程、大爆破工程的施工编制专项施工方案。对于前3项危险性较大的分部分项工程的专项施工，还需经5人以上专家论证方案的安全性和可靠性。因此，本题的正确答案为B。

2. 【试题答案】A

【试题解析】本题考查重点是"不可抗力"。通用条款规定，不可抗力造成的损失由发包人和承包人分别承担：停工损失由承包人承担，但停工期间应监理人要求照管工程和清理、修复工程的金额由发包人承担。因此，本题的正确答案为A。

3. 【试题答案】B

【试题解析】本题考查重点是"建设工程合同的种类"。发包人将全部或部分施工任务发包给一个承包人的合同，即为施工承包合同。因此，本题的正确答案为B。

4. 【试题答案】A

【试题解析】本题考查重点是"保证在建设工程中的应用"。履约担保金可用保兑支票、银行汇票或现金支票，一般情况下额度为合同价格的10%。因此，本题的正确答案为A。

5. 【试题答案】D

【试题解析】本题考查重点是"评标"。投标文件无法定代表人签字，或签字人无法定代表人有效授权书的，从商务角度，视为没有实质性响应，其投标将被拒绝；选项A属于可更正错误；选项B属于技术角度的没有实质性响应；选项C是进行了实质性响应的情形。因此，本题的正确答案为D。

6. 【试题答案】D

【试题解析】本题考查重点是"建设工程合同的特征"。建设工程合同的标的是各类建筑产品。建筑产品是不动产，其基础部分与大地相连，不能移动。这就决定了每个建设工程合同的标的都是特殊的，相互间具有不可替代性。这还决定了承包人工作的流动性。因此，本题的正确答案为D。

7. 【试题答案】C

【试题解析】本题考查重点是"订立设计合同时应约定的内容"。设计标准可以高于国家规范的强制性规定，发包人不得要求设计人违反国家有关标准进行设计，所以选项A错误；方案设计文件应当满足编制初步设计文件和控制概算的需要；初步设计文件，应当满足编制施工招标文件、主要设备材料订货和编制施工图设计文件的需要，所以选项B、D错误；施工图设计文件，应当满足设备材料采购、非标准设备制作和施工的需要，并注明建设工程合理使用年限，所以选项C正确。因此，本题的正确答案为C。

8. 【试题答案】C

【试题解析】本题考查重点是"设计施工总承包的特点"。总承包方式的优点：①单一的合同责任；②固定工期、固定费用；③可以缩短建设周期；④减少设计变更；⑤减少承包人的索赔。总承包方式的缺点：①设计不一定是最优方案；②减弱实施阶段发包人对承包人的监督和检查。因此，本题的正确答案为C。

9. 【试题答案】A

【试题解析】本题考查重点是"评标"。投标人未提交投标保证金或金额不足、保函有效期不足、投标保证金形式或投标保函出证银行不符合招标文件要求的，从商务角度，视为没有实质性响应，其投标将被拒绝。因此，本题的正确答案为A。

10. 【试题答案】D

【试题解析】本题考查重点是"FIDIC施工合同条件部分条款"。助手相当于我国项目监理机构中的专业监理工程师，工程师可以向助手指派任务和付托部分权力。因此，本题的正确答案为D。

11. 【试题答案】D

【试题解析】本题考查重点是"履约担保"。如果工程延期竣工，承包人有义务保证履约担保继续有效。由于发包人原因导致延期的，继续提供履约担保所需的费用由发包人承担；由于承包人原因导致延期的，继续提供履约担保所需费用由承包人承担。因此，本题的正确答案为D。

12. 【试题答案】D

【试题解析】本题考查重点是"代理关系"。在工程建设中涉及的代理主要是委托代理，如项目经理作为施工企业的代理人、总监理工程师作为监理单位的代理人等，当然，授权行为是由单位的法定代表人代表单位完成的。因此，本题的正确答案为D。

13. 【试题答案】D

【试题解析】本题考查重点是"英国NEC合同文本"。工程施工合同文本具有条款用词简洁、使用灵活的特点，为了广泛适用于各类的土木工程施工管理，标准文本的结构采用在核心条款的基础上，使用者根据实施工程的承包特点，采用积木块组合形式，选择本工程适用的主要选项条款和次要选项条款，形成具体的工程施工合同。因此，本题的正确答案为D。

14. 【试题答案】D

【试题解析】本题考查重点是"设计施工总承包合同的订立——合同文件"。合同谈判阶段，随着发包人要求的调整，承包人建议书也应对一些技术细节进一步予以明确或补充修改，作为合同文件的组成部分。因此，本题的正确答案为D。

15. 【试题答案】D

【试题解析】本题考查重点是"FIDIC施工合同条件部分条款"。FIDIC《施工合同条件》是以承包商投标时能否合理预见来划分风险责任的归属，即由于承包商的中标合同价内未包括不可抗力损害的风险费用，因此对不可抗力的损害后果不承担责任。因此，本题的正确答案为D。

16. 【试题答案】B

【试题解析】本题考查重点是"违约责任"。如果是因供货方应承担责任的原因导致不能全部或部分交货，应按合同约定的违约金比例乘以不能交货部分货款计算违约金。若违约金不足以偿付采购方所受到的实际损失时，可以修改违约金的计算方法，使实际受到的损害能够得到合理的补偿。如果施工采购方为了避免停工待料，不得不以较高价格紧急采购不能供应部分的货物而受到的价差损失时，供货方应承当相应的责任。因此，本题的正确答案为B。

17.【试题答案】D

【试题解析】本题考查重点是"设计合同履行管理"。设计的阶段成果（初步设计、技术设计、施工图设计）完成后，应由发包人组织鉴定和验收，并负责向发包人的上级或有管理资质的设计审批部门完成报批手续。因此，本题的正确答案为D。

18.【试题答案】D

【试题解析】本题考查重点是"开始工作"。符合专用条款约定的开始工作条件时，监理人获得发包人同意后应提前7天向承包人发出开始工作通知。因此，本题的正确答案为D。

19.【试题答案】C

【试题解析】本题考查重点是"工程设计招标概述"。设计招标对投标书的编制要求：投标人的投标报价不是按规定的工程量清单填报报价后算出总价，而是首先提出设计构思和初步方案，并论述该方案的优点和实施计划，在此基础上进一步提出报价。因此，本题的正确答案为C。

20.【试题答案】A

【试题解析】本题考查重点是"承包人的义务"。按照《建设工程安全生产管理条例》规定，在施工组织设计中应针对深基坑工程、地下暗挖工程、高大模板工程、高空作业工程、深水作业工程、大爆破工程的施工编制专项施工方案。对于前3项危险性较大的分部分项工程的专项施工，还需经5人以上专家论证方案的安全性和可靠性。因此，本题的正确答案为A。

21.【试题答案】C

【试题解析】本题考查重点是"设备采购合同的主要内容"。中华人民共和国商务部机电和科技产业司2008年编制发布了《机电产品采购国际竞争性招标文件》，对机电产品采购合同做了规定。因此，本题的正确答案为C。

22.【试题答案】D

【试题解析】本题考查重点是"设计合同履行管理"。如果在一年内项目未开始施工，设计人仍应负责有关工作，但按所需工作量向发包人适当收取咨询服务费，收费额由双方以补充协议商定。因此，本题的正确答案为D。

23.【试题答案】D

【试题解析】本题考查重点是"违约责任"。误期赔偿费的最高限额为合同价格的5%。一旦达到误期赔偿费的最高限额，买方可考虑根据合同的规定终止合同。因此，本题的正确答案为D。

24.【试题答案】C

【试题解析】本题考查重点是"保证在建设工程中的应用"。招标人最迟应当在书面合同签订后5日内向中标人和未中标的投标人退还投标保证金及银行同期存款利息。因此，本题的正确答案为C。

25.【试题答案】C

【试题解析】本题考查重点是"设计施工总承包合同的订立——合同文件"。虽然中标方案发包人已接受,但发包人可能对其中的一些技术细节或实施计划提出进一步修改意见,因此在合同谈判阶段需要通过协商对其进行修改或补充,以便成为最终的发包人要求文件。因此,本题的正确答案为C。

26.【试题答案】D

【试题解析】本题考查重点是"担保方式"。保证合同应包括以下内容:①被保证的主债权种类、数额;②债务人履行债务的期限;③保证的方式;④保证担保的范围;⑤保证的期间;⑥双方认为需要约定的其他事项。因此,本题的正确答案为D。

27.【试题答案】D

【试题解析】本题考查重点是"FIDIC施工合同条件部分条款"。指定分包商条款的合理性,以不得损害承包商的合法利益为前提。因此,本题的正确答案为D。

28.【试题答案】C

【试题解析】本题考查重点是"施工招标程序"。招标人和中标人应当在投标有效期内以及中标通知书发出之日起30日之内,根据招标文件和中标人的投标文件订立书面合同。中标人无正当理由拒签合同的,招标人取消其中标资格,其投标保证金不予退还;给招标人造成的损失超过投标保证金数额的,中标人还应当对超过部分予以赔偿。因此,本题的正确答案为C。

29.【试题答案】A

【试题解析】本题考查重点是"违约责任"。货物交接地点错误的责任不论是由于采购方在合同内错填到货地点或接货人,还是未在合同约定的时限内及时将变更的到货地点或接货人通知对方,导致供货方送货或代运过程中不能顺利交接货物,所产生的后果均由采购方承担。因此,本题的正确答案为A。

30.【试题答案】C

【试题解析】本题考查重点是"担保方式——保证"。保证是指保证人和债权人约定,当债务人不履行债务时,保证人按照约定履行债务或者承担责任的行为。因此,本题的正确答案为C。

31.【试题答案】B

【试题解析】本题考查重点是"英国NEC合同文本"。主要选项条款是对核心条款的补充和细化,每一主要选项条款均有许多针对核心条款的补充规定,只要将对应序号的补充条款纳入核心条款即可。因此,本题的正确答案为B。

32.【试题答案】C

【试题解析】本题考查重点是"违约责任"。除合同条款规定的不可抗力外,如果卖方没有按照合同规定的时间交货和提供服务,买方应在不影响合同项下的其他补救措施的情况下,从合同价中扣除误期赔偿费。每延误一周的赔偿费按迟交货物交货价或未提供服务的服务费用的0.5%计收,直至交货或提供服务为止。因此,本题的正确答案为C。

33.【试题答案】D

【试题解析】本题考查重点是"履约担保"。承包人应保证其履约担保在发包人颁发工程接收证书前一直有效。如果合同约定需要进行竣工后试验，承包人应保证其履约担保在竣工后试验通过前一直有效。因此，本题的正确答案为 D。

34.【试题答案】C

【试题解析】本题考查重点是"材料和通用型设备采购招标文件主要内容"。技术复杂或技术规格、性能、技术要求难以统一的，一般采用综合评估法进行评标。因此，本题的正确答案为 C。

35.【试题答案】A

【试题解析】本题考查重点是"设计施工总承包的特点"。虽然设计和施工过程中，发包人也聘请监理人（或发包人代表），但由于设计方案和质量标准均出自承包人，监理人对项目实施的监督力度比发包人委托设计再由承包人施工的管理模式，对设计的细节和施工过程的控制能力降低。因此，本题的正确答案为 A。

36.【试题答案】A

【试题解析】本题考查重点是"发包人的义务"。发包人应根据合同进度计划，组织设计单位向承包人和监理人对提供的施工图纸和设计文件进行交底，以便承包人制定施工方案和编制施工组织设计。因此，本题的正确答案为 A。

37.【试题答案】A

【试题解析】本题考查重点是"美国 AIA 合同文本"。美国 AIA 合同文本包括：①A 系列：雇主与施工承包商、CM 承包商、供应商之间的合同，以及总承包商与分包商之间合同的文本；②B 系列：雇主与建筑师之间合同的文本；③C 系列：建筑师与专业咨询机构之间合同的文本；④D 系列：建筑师行业的有关文件；⑤E 系列：合同和办公管理中使用的文件。因此，本题的正确答案为 A。

38.【试题答案】D

【试题解析】本题考查重点是"简明标准施工招标文件"。《简明标准施工招标文件》和《标准设计施工总承包招标文件》，这两个文件对适用范围做出了明确界定：依法必须进行招标的工程建设项目，工期不超过12 个月，技术相对简单且设计和施工不是由同一承包人承担的小型项目，其施工招标文件应当根据《简明标准施工招标文件》编制；设计施工一体化的总承包项目，其招标文件应当根据《标准设计施工总承包招标文件》编制。因此，本题的正确答案为 D。

39.【试题答案】C

【试题解析】本题考查重点是"设计施工总承包合同的订立——合同文件"。中标通知书、投标函及附录、其他合同文件的含义与标准施工合同的规定相同。因此，本题的正确答案为 C。

40.【试题答案】A

【试题解析】本题考查重点是"代理关系"。授予代理权的形式可以用书面形式，也可以用口头形式。如果法律法规规定应当采用书面形式的，则应当采用书面形式。因此，本题的正确答案为 A。

41.【试题答案】A

【试题解析】本题考查重点是"担保方式"。保证期间债权人与债务人协议变更主合同或者债权人许可债务人转让债务的，应当取得保证人的书面同意，否则保证人不再承担保证责任。保证合同另有约定的按照约定。因此，本题的正确答案为 A。

42.【试题答案】D

【试题解析】本题考查重点是"支付结算管理"。采购方有权部分或全部拒付货款的情况大致包括：①交付货物的数量少于合同约定，拒付少交部分的货款；②拒付质量不符合合同要求部分货物的货款；③供货方交付的货物多于合同规定的数量且采购方不同意接收部分的货物，在承付期内可以拒付。因此，本题的正确答案为 D。

43.【试题答案】A

【试题解析】本题考查重点是"设计施工总承包合同的订立——合同文件"。设计施工总承包合同的价格清单，指承包人按投标文件中规定的格式和要求填写，并标明价格的报价单。与施工招标由发包人依据设计图纸的概算量提出工程量清单，经承包人填写单价后计算价格的方式不同。因此，本题的正确答案为 A。

44.【试题答案】A

【试题解析】本题考查重点是"设计合同履行管理"。发包人的上级或设计审批部门对设计文件不审批或合同项目停缓建，均视为发包人应承担的风险。因此，本题的正确答案为 A。

45.【试题答案】C

【试题解析】本题考查重点是"标准施工招标文件"。评标办法分为经评审的最低投标价法和综合评估法，供招标人根据项目具体特点和实际需要选择使用。每种评标办法都包括评标办法前附表和正文。正文包括评标办法、评审标准和评标程序等内容。因此，本题的正确答案为 C。

46.【试题答案】A

【试题解析】本题考查重点是"监理人的职责"。当发包人的开工前期工作已完成且临近约定的开工日期时，应委托监理人按专用条款约定的时间向承包人发出开工通知。如果约定的开工日期已届至，但发包人应完成的开工配合义务尚未完成（如现场移交延误），由于监理人不能按时发出开工通知，则要顺延合同工期并赔偿承包人的相应损失。因此，本题的正确答案为 A。

47.【试题答案】C

【试题解析】本题考查重点是"标准施工招标文件"。专用合同条款由国务院有关行业主管部门和招标人根据需要编制。因此，本题的正确答案为 C。

48.【试题答案】B

【试题解析】本题考查重点是"美国 AIA 合同文本"。美国 AIA 合同文本包括：①A 系列：雇主与施工承包商、CM 承包商、供应商之间的合同，以及总承包商与分包商之间合同的文本；②B 系列：雇主与建筑师之间合同的文本；③C 系列：建筑师与专业咨询机构之间合同的文本；④D 系列：建筑师行业的有关文件；⑤E 系列：合同和办公管理中使用的文件。因此，本题的正确答案为 B。

49.【试题答案】A

【试题解析】本题考查重点是"保险合同管理"。保险决策主要表现在两个方面：是否投保和选择保险人。因此，本题的正确答案为 A。

50.【试题答案】B

【试题解析】本题考查重点是"订购产品的交付"。出卖人应当按照约定的地点交付标的物。当事人没有约定交付地点或者约定不明确，可以协议补充；不能达成补充协议的，按照合同有关条款或者交易习惯确定。按照合同有关条款或者交易习惯仍不能确定的，适用下列规定：①标的物需要运输的，出卖人应当将标的物交付给第一承运人以运交给买受人；②标的物不需要运输，出卖人和买受人订立合同时知道标的物在某一地点的，出卖人应当在该地点交付标的物；不知道标的物在某一地点的，应当在出卖人订立合同时的营业地交付标的物。因此，本题的正确答案为 B。

二、多项选择题

51. 【试题答案】ABC

【试题解析】本题考查重点是"材料和通用型设备采购招标文件主要内容"。综合评标法除投标价之外还需考虑的因素通常包括：①运输费用；②交货期；③付款条件；④零配件和售后服务；⑤设备性能、生产能力。因此，本题的正确答案为 ABC。

52. 【试题答案】ABDE

【试题解析】本题考查重点是"设计施工总承包合同的订立——合同文件"。设计施工总承包合同规定，发包人要求文件应说明 11 个方面的内容，其中功能要求包括：工程的目的；工程规模；性能保证指标（性能保证表）和产能保证指标。因此，本题的正确答案为 ABDE。

53. 【试题答案】ABE

【试题解析】本题考查重点是"工程建设涉及的主要险种"。保险人对下列各项原因造成的损失不负责赔偿：①设计错误引起的损失和费用；②自然磨损、内在或潜在缺陷、物质本身变化、自燃、自热、氧化、锈蚀、渗漏、鼠咬、虫蛀、大气（气候或气温）变化、正常水位变化或其他渐变原因造成的保险财产自身的损失和费用；③因原材料缺陷或工艺不善引起的保险财产本身的损失以及为换置、修理或矫正这些缺点错误所支付的费用；④非外力引起的机械或电气装置的本身损失，或施工用机具、设备、机械装置失灵造成的本身损失；⑤维修保养或正常检修的费用；⑥档案、文件、账簿、票据、现金、各种有价证券、图表资料及包装物料的损失；⑦盘点时发现的短缺；⑧领有公共运输行驶执照的，或已由其他保险予以保障的车辆、船舶和飞机的损失；⑨除非另有约定，在保险工程开始以前已经存在或形成的位于工地范围内或其周围的属于被保险人的财产的损失；⑩除非另有约定，在本保险单保险期限终止以前，保险财产中已由工程所有人签发完工验收证书或验收合格或实际占有或使用或接受的部分。因此，本题的正确答案为 ABE。

54. 【试题答案】ADE

【试题解析】本题考查重点是"设计施工总承包合同的订立——合同文件"。设计施工总承包合同规定，发包人要求文件应说明 11 个方面的内容，其中时间要求包括：开始工作时间；设计完成时间；进度计划；竣工时间；缺陷责任期和其他时间要求。因此，本题的正确答案为 ADE。

55. 【试题答案】ABCD

【试题解析】本题考查重点是"标准施工招标文件"。投标人须知包括前附表、正文和附表格式三部分。正文有：①总则，包括项目概况、资金来源和落实情况、招标范围、计划工期和质量要求、投标人资格要求等内容；②招标文件，包括招标文件的组成、招标文件的澄清与修改等内容；③投标文件，包括投标文件的组成、投标报价、投标有效期、投标保证金和投标文件的编制等内容；④投标，包括投标文件的密封、投标文件的递交和投标文件的修改与撤回等内容；⑤开标，包括开标时间、地点和开标程序；⑥评标，包括评标委员会和评标原则等内容；⑦合同授予；⑧重新招标和不再招标；⑨纪律和监督；⑩需要补充的其他内容。因此，本题的正确答案为 ABCD。

56.【试题答案】AE

【试题解析】本题考查重点是"施工合同管理有关各方的职责"。标准施工合同通用条款中对监理人的定义是，"受发包人委托对合同履行实施管理的法人或其他组织"，即属于受发包人聘请的管理人，与承包人没有任何利益关系。因此，本题的正确答案为 AE。

57.【试题答案】CD

【试题解析】本题考查重点是"施工进度管理"。如果发包人根据实际情况向承包人提出提前竣工要求，由于涉及合同约定的变更，应与承包人通过协商达成提前竣工协议作为合同文件的组成部分。协议的内容应包括：承包人修订进度计划及为保证工程质量和安全采取的赶工措施；发包人应提供的条件；所需追加的合同价款；提前竣工给发包人带来效益应给承包人的奖励等。因此，本题的正确答案为 CD。

58.【试题答案】CE

【试题解析】本题考查重点是"设计施工总承包合同的订立——订立合同时需要明确的内容"。发包人是否负责提供施工设备和临时设施，在通用条款中也给出两种不同的供选择条款：一种是发包人不提供施工设备或临时设施；另一种是发包人提供部分施工设备或临时设施。因此，本题的正确答案为 CE。

59.【试题答案】CDE

【试题解析】本题考查重点是"设计合同履行管理——设计人的责任"。在设计合同履行管理过程中，设计人的责任包括：①保证设计质量；②各设计阶段的工作任务；③对外商的设计资料进行审查；④配合施工的义务，包括设计交底、解决施工中出现的设计问题和工程验收；⑤保护发包人的知识产权。本题中，选项 A、B 属于发包人的责任。因此，本题的正确答案为 CDE。

60.【试题答案】ABCE

【试题解析】本题考查重点是"施工招标程序"。招标备案文件应说明：招标工作范围；招标方式；计划工期；对投标人的资质要求；招标项目的前期准备工作的完成情况；自行招标还是委托代理招标等内容。因此，本题的正确答案为 ABCE。

61.【试题答案】ABDE

【试题解析】本题考查重点是"英国 NEC 合同文本"。项目经理和承包商都可以提出召开早期警告会议，并在对方同意后邀请其他方出席，可能包括分包商、供应商、公用事业部门、地方行政机关代表或雇主。因此，本题的正确答案为 ABDE。

62.【试题答案】ABDE

【试题解析】本题考查重点是"施工招标程序"。资格审查报告一般包括以下几项内容：①基本情况和数据表；②资格审查委员会名单；③澄清、说明、补正事项纪要等；④评分比较一览表的排序；⑤其他需要说明的问题。因此，本题的正确答案为 ABDE。

63.【试题答案】AE

【试题解析】本题考查重点是"施工招标概述"。按照竞争的开放程度，招标可分为公开招标和邀请招标两种方式。公开招标是指招标人通过新闻媒体发布招标公告，凡具备相应资质符合招标条件的法人或组织不受地域和行业限制均可申请投标。公开招标申请投标人较多，一般要设置资格预审程序，而且评标的工作量也较大，所需招标时间长、费用高。邀请招标是指招标人向预先选择的若干家具备相应资质、符合招标条件的法人或组织发出邀请函，将招标工程的概况、工作范围和实施条件等简要说明，请他们参加投标竞争。因此，本题的正确答案为 AE。

64.【试题答案】ABD

【试题解析】本题考查重点是"建设工程勘察合同履行管理"。因勘察质量造成重大经济损失或工程事故时，勘察人除应负法律责任和免收直接受损失部分的勘察费外，还应根据损失程度向发包人支付赔偿金。因此，本题的正确答案为 ABD。

65.【试题答案】ABD

【试题解析】本题考查重点是"施工合同标准文本"。标准施工合同中给出的合同附件格式，是订立合同时采用的规范化文件，包括合同协议书、履约保函和预付款保函三个文件。因此，本题的正确答案为 ABD。

66.【试题答案】ACDE

【试题解析】本题考查重点是"建筑工程设计投标管理"。投入、产出经济效益比较主要涉及以下几个方面：建筑标准是否合理；投资估算是否超过限制；先进的工艺流程可能带来的投资回报；实现该方案可能需要的外汇估算等。因此，本题的正确答案为 ACDE。

67.【试题答案】AE

【试题解析】本题考查重点是"订购产品的交付"。订购物资或产品的供应方式，可以分为采购方到合同约定地点自提货物和供货方负责将货物送达指定地点两大类，而供货方送货又可细分为将货物负责送抵现场或委托运输部门代运两种形式。因此，本题的正确答案为 AE。

68.【试题答案】AC

【试题解析】本题考查重点是"担保方式"。质押可分为动产质押和权利质押。因此，本题的正确答案为 AC。

69.【试题答案】ABDE

【试题解析】本题考查重点是"美国 AIA 合同文本"。工程设计阶段 CM 承包商就介入，为设计者提供建议。建议的内容可能包括：将预先考虑的施工影响因素供设计者参考，尽可能使设计具有可施工性；运用价值工程提出改进设计的建议，以节省工程总投资等。因此，本题的正确答案为 ABDE。

70.【试题答案】BCE

【试题解析】本题考查重点是"订立设计合同时应约定的内容"。订立设计合同时应明确委托设计项目的具体要求，包括分项工程、单位工程的名称、设计阶段和各部分的设计费。如民用建筑工程中，各分项名称对应的建设规模（层数、建筑面积）；设计人承担的设计任务是全过程设计（方案设计、初步设计、施工图设计），还是部分阶段的设计任务；相应分项名称的建筑工程总投资；相应的设计费用。因此，本题的正确答案为 BCE。

71. 【试题答案】ACE

【试题解析】本题考查重点是"材料采购合同的履行管理——违约责任"。材料采购合同履行过程中,采购方的违约责任包括:①不按合同约定接受货物;②逾期付款;③货物交接地点错误的责任。不论是由于采购方在合同内错填到货地点或接货人,还是未在合同约定的时限内及时将变更的到货地点或接货人通知对方,导致供货方送货或代运过程中不能顺利交接货物,所产生的后果均由采购方承担。因此,本题的正确答案为ACE。

72. 【试题答案】CDE

【试题解析】本题考查重点是"合同法律关系的构成"。合同法律关系包括合同法律关系主体、合同法律关系客体、合同法律关系内容三个要素。这三个要素构成了合同法律关系,缺少其中任何一个要素都不能构成合同法律关系,改变其中的任何一个要素就改变了原来设定的法律关系。因此,本题的正确答案为CDE。

73. 【试题答案】ABD

【试题解析】本题考查重点是"对投标人的资格审查"。对投标人的资格审查主要包括:①资质审查;②能力和经验审查。因此,本题的正确答案为ABD。

74. 【试题答案】ABC

【试题解析】本题考查重点是"美国AIA合同文本"。风险型CM承包商应非常熟悉施工工艺和方法;了解施工成本的组成;有很高的施工管理和组织协调能力,工作内容包括施工前阶段的咨询服务和施工阶段的组织、管理工作。因此,本题的正确答案为ABC。

75. 【试题答案】ACDE

【试题解析】本题考查重点是"设计施工总承包的特点"。总承包方式的优点:①单一的合同责任;②固定工期、固定费用;③可以缩短建设周期;④减少设计变更;⑤减少承包人的索赔。总承包方式的缺点:①设计不一定是最优方案;②减弱实施阶段发包人对承包人的监督和检查。因此,本题的正确答案为ACDE。

76. 【试题答案】ABCD

【试题解析】本题考查重点是"施工招标程序"。现场踏勘是指招标人组织投标人对项目的实施现场的经济、地理、地质、气候等客观条件和环境进行的现场调查。因此,本题的正确答案为ABCD。

77. 【试题答案】ABCE

【试题解析】本题考查重点是"保证在建设工程中的应用"。履约保证的形式有履约担保金(又叫履约保证金)、履约银行保函和履约担保书三种。因此,本题的正确答案为ABCE。

78. 【试题答案】BCE

【试题解析】本题考查重点是"设计合同履行管理"。在合同履行期间,发包人要求终止或解除合同,设计人未开始设计工作的,不退还发包人已付的定金;已开始设计工作的,发包人应根据设计人已进行的实际工作量,不足一半时,按该阶段设计费的一半支付;超过一半时,按该阶段设计费的全部支付。因此,本题的正确答案为BCE。

79. 【试题答案】BCD

【试题解析】本题考查重点是"施工合同标准文本"。简明施工合同通用条款包括17条,标题分别为:一般约定;发包人义务;监理人;承包人;施工控制网;工期;工程质量；试验和检验；变更；计量与支付；竣工验收；缺陷责任与保修责任；保险；不可抗力；违约；索赔；争议的解决，共 69 款。因此，本题的正确答案为 BCD。

80. 【试题答案】ACE

【试题解析】本题考查重点是"设计合同履行管理"。因设计人原因要求解除合同。合同生效后，设计人要求终止或解除合同，设计人应双倍返还定金，所以选项 A 正确；发包人应按合同规定的金额和时间向设计人支付设计费，每逾期支付 1 天，应承担应支付金额 2‰的逾期违约金，且设计人提交设计文件的时间顺延，所以选项 B 错误；由于设计人员错误造成工程质量事故损失，设计人除负责采取补救措施外，还应免收直接受损失部分的设计费，所以选项 C 正确；在合同履行期间，发包人要求终止或解除合同，设计人未开始设计工作的，不退还发包人已付的定金，已开始设计工作的，发包人应根据设计人已进行的实际工作量，不足一半时，按该阶段设计费的一半支付，超过一半时，按该阶段设计费的全部支付，所以选项 D 错误；由于不可抗力因素致使合同无法履行时，双方应及时协商解决，所以选项 E 正确。因此，本题的正确答案为 ACE。